CITY GREENERY

by Choi Sungyong

시티 그리너리

도시를 걸으며 생태를 발견하다

초판 1쇄 펴낸날 2017년 8월 2일
초판 4쇄 펴낸날 2022년 11월 28일
지은이 최성용
펴낸이 한성봉
책임편집 하명성
편집 안상준·이동현·조유나·이지경·박민지
디자인 전혜진
마케팅 박신용 · 오주형 · 강은혜 · 박민지 · 이예지
경영지원 국지연 · 강지선
펴낸곳 도서출판 동아시아
등록 1998년 3월 5일 제1988-000243호
주소 서울시 중구 퇴계로30길 15-8 [필동1가 26]
페이스북 www.facebook.com/dongasiabooks
전자우편 dongasiabook@naver.com
블로그 blog.naver.com/dongasiabook
인스타그램 www.instargram.com/dongasiabook
전화 02) 757-9724, 5
팩스 02) 757-9726
ISBN 978-89-6262-191-4 03470

이 책은 한국출판문화산업진흥원의 출판콘텐츠 창작자금을 지원받아 제작되었습니다.

이 도서의 국립중앙도서관 출판예정도서목록(CIP)은
서지정보유통지원시스템 홈페이지(http://seoji.nl.go.kr)와
국가자료공동목록시스템(http://www.nl.go.kr/kolisnet)에서
이용하실 수 있습니다.(CIP제어번호: CIP2017017721)

CITY GREENERY

도시를 걸으며
생태를 발견하다

시티 그리너리

동아시아

최성용 지음

머리말

1

글을 쓰며 살아야겠다고 결심하고서 숲해설가 자격증을 땄다. 삶의 공간 주변에 늘 함께하는 수많은 나무와 풀, 곤충과 새에 대해 알지 못하면서 어떻게 글을 쓸 수 있을까? 나는 그들을 제대로 묘사하고 싶었다. 계절에 따라 보이는 꽃과 그 주변을 날아다니는 곤충의 이름, 그들의 구체적인 모양, 그들의 움직임 따위를 말이다. 짧은 글을 쓰더라도 그들의 실체를 알고 정밀하게 묘사하는 것은 꽤나 멋지게 느껴졌다.

하지만 이런 자연의 겉모양에 대한 관심은 공부를 시작하자마자 바뀌었다. 다양한 나무와 풀의 이름을 아는 것에서 오는 만족감은 그 나무들이 햇빛을 차지하기 위해 하늘 높이 자라는 모습, 하늘 높이 자라기 위해 단단한 목질을 만들어내는 과정, 그 목질을 감고 올라가는 덩굴식물들의 생존 전략 등을 알게 되면서 얻는 감동에 비할 바가 못 되었다. 작고 예쁜 열매를 만들어내는 나무들을 구분할 수 있게 됐을 때보다, 나무가 그 작은 열매를 맺으며 살아남을 수 있었던 것은 그 열매와 함께 진화한 부리가 작은 새가 있었기 때문임을 알게 됐을 때 더 마음이 움직였다. 단순히 3대 영양소 정도만 알고 있었던 탄수화물, 지방, 단백질이 생명체 안에서 세포를 이루고 생명의 작용을 해내는 것을 들여다보았을 때는 전율을 느꼈다. 당연히 '알고' 있다고 생각했던 식물의 광합성이, 밤하늘에 빛나는 별들이 만들어낸 탄소와 가장 가까운 별인 태양이 뿜어내는 에너지를 지구 생명계 내로 끌어들이는 일을 해내는 것이라는 것을 '느꼈을 때' 난 생명과학에 대한 글을 쓰고 싶어졌다. 어떤 글을 쓰든 자연에 대해 아는 것이 필요하리라는 생각은, 생명 자체에 대한 글을 쓰고 싶은 욕망으로 바뀌었다. 내가 얻은 그 많은 감동을 다른 사람들에게 전하고 싶었다. 글을 쓰는 이유가 그런 것 아니겠는가? 내가 정말로 하고 싶은 말, 내 가슴 속 깊이 느꼈던 감정들을 표현하고 싶은 욕구, 그것들을 다른 사람들과 나누고 싶고, 그 글을 읽은 사람들이 공감해줬으면 하는 욕구 말이다. 그러면서 도시를 떠올린 것은 10여 년간 도시사회운동을 했던 내게 자연스러운 일이었다.

2

우리 동네 가로수는 이팝나무이다. 5월, 왕복 2차선의 좁은 도로변에 서 있는 이팝나무에 꽃이 피면 온 동네가 하얗게 된다. 이팝나무가 심어진 덕분에 나무 아래에 흙이 노출되었다. 모든 길이 포장되어 있는 도시에서 흙은 귀하다. 가로수 아래에 있는 1제곱미터 남짓의 흙은, 특히나 흙에 뿌리를 내리고 살아야 하는 풀에게 아주 소중하다. 이팝나무 꽃이 피던 어느 날, 나는 쭈그리고 앉아서 좁은 흙에 기대어 살고 있는 풀들을 바라보았다. 그곳엔 이른 봄에 작은 꽃을 부지런히 피웠던 별꽃, 선괭이밥, 냉이가 열매를 맺고 있었다. 봄의 끝자락이었지만 봄맞이는 여전히 그 이름에 걸맞은 앙증맞은 꽃을 피우고 있었다. 그 옆의 노란꽃을 피운 애기똥풀이 보였다. 쑥은 쑥쑥 자라고 있었고, 봄부터 가을까지 꽃을 피우는 서양민들레는 꽃과 열매를 함께 달고 있었다. 땅바닥에 붙은 채로 겨울을 난 개망초는 슬슬 줄기를 세워 다가올 여름에 꽃을 피울 준비가 한창이었다. 꽃등에 한 마리가 배를 채우고 있었고, 일하는 것인지 노는 것인지 모를 개미들이 바쁘게 돌아다니고 있었다.

숲, 생태에 대한 관심이 높아지면서 숲해설, 숲체험, 숲치유 프로그램이 늘어나고 있다. 다양한 생명을 만나고 생태감수성을 높이기 위해 사람들은 숲으로 떠난다. 하지만 그렇게 일주일에 한 번, 한 달에 한 번 정도 숲체험을 마치고 도시로 돌아오면 모두 잊고 살아간다. 일상에서 보고 느끼는 것이 중요하다. 이벤트 하듯이 한 달에 한 번 훌쩍 떠나 그날만 다른 사람으로 살아가는 것이 큰 의미가 있을까? 다행히도 우리가 살고 있는 도시, 우리 동네에는, 1제곱미터의 좁은 땅에도 많은 생명이 살아가고 있다.

이 책은 도시에서 볼 수 있는 자연을 소재로 했다. 책에 따로 표시하지는 않았지만, 3월에 시작해서 2월에 끝난다. 한 달을 세 부분으로 나눠 그때 동네에서 쉽게 볼 수 있는 자연현상을 소재로 삼아 생명현상을 풀어나갔다. 각 장의 제목은 해당 시기에 주변에서 쉽게 볼 수 있는 것들이고, 뒤에 따라오는 작은 제목은 그것을 통해 이야기하고자 하는 생명현상이다. 그러니 각 장에서는 이 두 가지를 모두 볼 수 있다.

책에 나오는 사진 대부분은 내가 사는 동네에서 찍은 것이다. 눈을 크게 뜨고 다니면 그 사진에서 당신 동네의 모습도 분명히 볼 수 있을 것이다. 생명과학에 대한 책이라고 하면 조금 멀게 느껴지지만, 우리가 살고 있는 동네에서 늘 일어나고 있는 우리 도시의 일상적인 이야기이다.

3

"뭘 찍는 거예요?" 이 책을 쓰면서 가장 많이 들었던 질문이다. 사진기 하나 들고 동네를 돌아다니다가 멈춰서 무언가를 찍고 있으면 지나가던 사람들은 나에게 질문을 했다. 그들이 매일 지나가는 곳에서, 별로 특별한 것도 없어 보이는 것을 계속 찍어대고 있으니 궁금했나 보다. "거미 새끼들이 알에서 깨어났어요", "나나니벌이 오전 내내 집을 짓고 있어요", "황조롱이가 나타났어요"라고 대답을 하면 "와! 이런 것도 있었네?"라며 내가 찍고 있는 것들을 자세히 들여다보았다.

"그건 이름이 뭐예요?"라는 질문도 많이 들었다. 주로 꽃이나 열매를 찍고 있을 때 들었던 질문이다. 늘 보던 동네의 예쁜 꽃이 무엇인지 평소에 궁금했나 보다. 그러던 차에 어떤 놈이 계속 사진을 찍어대고 있으니 이때다 싶어 물어본 것이다.

사람들은 자신이 살고 있는 동네에 관심이 많다. 하지만 우리의 삶은 우리가 살고 있는 동네조차 차분히 들여다볼 수 있는 여유가 없을 때가 많다. 하지만 출퇴근길에 잠시만 멈추면, 아이를 학교에 데려다주는 길에 잠시만 멈추면, 장 보러 가는 길에 잠시만 멈추면, 우리 주변에서 함께 살아가는 녀석들을 만날 수 있다. 자신의 거미줄에 붙은 낙엽을 제거하는 만삭의 무당거미도 만날 수 있고, 어제와는 다르게 오늘 조금 더 부풀어 오른 매화나무의 겨울눈도 볼 수 있다. 이 책을 쓰면서 눈에 보이지도 않았던 그들이, 그냥 하나의 풍경이었던 그들이, 같은 마을, 같은 도시를 함께 살아가고 있음을 더 깊이 알고, 느끼게 됐다.

나는 이 책이 당신에게도 길을 멈출 수 있는 여유를 주었으면 좋겠다. 그 속에 살아가는 것들을 알고, 이해하는 계기가 되면 좋겠다. 이런 멈춤이 자신이 살고 있는 동네에 대한 관심과 애정으로 이어졌으면 하는 바람을 가져본다. 이 책을 쓰면서 나는 그랬다. 이 책을 읽는 사람들은 어떨까?

2017년 7월. 우리 동네 카페에서.

머리말 /5

봄

CONTENTS

여름

가을

겨울

봄

1

부풀어 오른 꽃눈

식물의 계절감지

도시에 사는 사람들이 봄이 왔음을 아는 가장 손쉬운 방법은 달력을 보는 것이다. 기상이변으로 폭설이 내려도, 3월이면 봄인 것이다. 생각해보면 누구도 3월이 봄의 시작이라고 알려주진 않은 것 같다. 그냥 매년 3월이 되면 새 학년이 시작됐고, 새 학년이라는 것은 계절의 시작인 봄과 잘 어울렸다. 그런 생활을 꽤 오랫동안 하다 보니 자연스럽게 3월을 봄의 시작으로 여기게 됐다. 이런 생각이 몸에 각인되었는지, 이 책의 시작도 자연스럽게 3월로 정해버렸다. 이런 생각은 나만의 것이 아닌, 도시인 대부분의 생각이다. 도시에 사는 우리는 달력을 보고 3월이 되면 봄이 왔다고 생각한다.

계절에 따라 그 계절 속에서 살아가는 동식물들은 모습을 바꾼다. 동물은 털갈이를 하고, 나무는 꽃을 피우거나 푸른 잎을 내거나 단풍을 만들거나 잎을 떨어뜨린다. 그들이 계절에 맞춰 모습을 바꾸는 것은, 그래야 살아남을 수 있고 자손을 퍼트릴 수 있기 때문이다. 그렇게 계절에 적응한 동식물들이 살아남아 지금 인간과 함께하고 있다.

특히나 식물의 모습은 계절에 따라 극적으로 바뀐다. 그러니 달력을 보지 않아도 식물의 모습을 보면 계절을 느낄 수 있다. 주위가 온통 식물로 둘러싸인 산속이나 시골에서는 계절을 쉽게 느낀다. 다행히 인간이 만들어낸 인공 구조물로 뒤덮인 도시에서도 식물은 살고 있어, 도시인들도 그들을 보고 계절의 변화를 느낄 수 있다. 도시에서 살아가는 식물들은 길가의 가로수, 공원이나 아파트 정원에 서 있는 나무처럼 사람들이 심어놓은 것들도 있고, 가로수 밑동 옆 좁은 흙에서, 보도블록 틈 사이에서, 공원과 정원의 흙에서 살아가는 풀처럼 사람들이 아무리 뽑아도 계속 살아가는 것들도 있다.

사람이 심었든 뽑으려 하든 상관없이 도시 한쪽에 자리를 잡은 식물들은 계절마다 모습을 바꾸는데, 인간은 그 모습을 보며 계절이 변했음을 느낀다. 하지만 식물이 변화하는 모습을 지켜보는 건 인간만이 아니다. 식물의 변화에 맞추어, 나무 한 그루 한 그루에 기대어 다양한 생명이 살아간다. 사람들은 아파트단지에 심어놓은 매화나무가 꽃을 피우면 '봄이 왔구나'라고 생각하겠지만, 그에 맞추어 꿀벌은 꽃가루를 모으고, 거미는 알에서 부화하고, 노린재는 겨울잠에서 깨어나고, 까치는 집을 짓는다. 이 모든 일이 우리가 살고 있는 도시에서 일어난다.

나무가 깨어나다

계절의 흐름에 삶을 맡기는 동식물들과 달리 도시인들의 삶은 기본적으로 계절과 무관하게 돌아간다. 계절에 따라 수영장에서 스키장으로 놀러 가는 곳이 바뀌기는 하지만, 여름이라고 놀러 가고 겨울이라고 집에서 쉬지는 않는다. 계절에 따라 장사할 때 파는 물건이 달라지기는 하지만, 겨울이라고 아예 장사를 접었다가 봄이 되어 다시 시작하지는 않는다. 가을걷이를 한 후 겨울에는 쉬었던 농경사회의 농부들과는 다르다. (비닐하우스가 없는) 농부들의 삶이란 계절에 맞추어 살아가는 식물의 패턴을 따를 수밖에 없었다.

도시인 중에 그나마 계절에 따라 삶의 형태가 바뀌는 것은 학생들이다. 학생들은 봄이 되면 학교에 가고, 여름이면 방학을 하고, 가을이 되면 다시 학교에 가고, 겨울이면 또 방학을 한다. 방학이 너무 덥거나 추워서 공부하기 어려운 여름과 겨울에 있는 것으로 보아 계절에 기초해 살아가는 것 같다. 하지만 엄밀히 말하면 계절보다는 달력에 기초해 살아간다. 우리 아이들은 꽃이 피면 학교에 가는 것이 아니라, 3월 2일이 되면 어김없이(2일이 주말에 걸리는 행운이 없다면) 학교에 간다. 겨울 추위가 늦게 물러가 꽃 피는 시기가 일주일 정도 늦춰졌다고 해서 아이들의 개학이 일주일 늦춰지지는 않는다. 이런 생활을 몇 년 하다 보면 자연스럽게 3월이 봄의 시작이라 여기게 된다.

하지만 우리가 '봄' 하면 떠올리는 꽃이 만발한 풍경과, 새 학기가 시작되는 3월 2일의 풍경은 다르다. 3월 초에 보이는 나무들에는 아직 꽃도 피지 않았고, 잎도 새로 달리지 않았다. 겉보기엔 겨울과 별반 달라진 것이 없다. 그러나 만약 당신이 지난겨울에도 나무를 유심히 보아왔다면, 아직 꽃과 잎이 나진 않았지만 나무에서 작은 변화가 일어났음을 알아챌 수도 있을 것이다. 죽은 것처럼 보였던 나무들이 왠지 모르게 생기 있어 보이는 것도 느낄 수 있다. 그 생기는 겨울눈에도 모인다. 겨울눈은 봄맞이 준비에 부풀어 오른다. 눈치가 빠르거나 나무를 사랑하는 사람은 겨울눈의 변화를 알아볼 수 있다.

겨울눈은 껍질에 쌓인 채로 겨울을 보낸다. 그 껍질은 단단하기도 하고, 방수액이 묻어 있기도 하고, 털이 복슬복슬 나 있기도 하다. 겨울눈이 이런 물질들로 둘러싸인 이유는 겨울을 이겨내기 위함이다. 그 껍질에 싸여 있을, 아직 꽃도 잎도 되지 못한 여린 것들이 겨울을 보내야 한다고 생각하면 보호막이 왜 존재하는지 이해될 것이다. 그 단단하게 싸여 있는 겨울눈이, 3월이 되면 조금씩 부풀어 오른다. 3월 5일경 경칩이 되면 뉴스에서는 매번 "개구리가 깨어나는 경칩"이라고 말하지만, 도시에 사는 우리는 개구리가 깨어났는지 알 수 없다. 그러나 나무가 깨어나는 것은 겨울눈을 통해 알 수 있다. 이른 봄에 꽃을 피우는 나무의 겨울눈이 먼저 깨어난다. 도시에서 가장 먼저 꽃이 피는 나무는 매화나무이다. 바로 이어서 산수유가 필 것이다. 목련이 필 것이고, 그러고 나면 벚꽃이 필 것이다. 꽃이 피는 순서가 이러하니 꽃눈이 부풀어 오르는 순서도 이와 같다. 이제 도시에 사는 당신은 경칩에 깨어난 개구리를 볼 수 없다고 한탄할 필요가 없다. 경칩이 되면 매화나무를 찾아보자. 매화의 꽃눈이 깨어나는 현장을 목격할 수 있을 것이다.

매실나무는(매화나무의 다른 이름이다) 시골에서는 과수원에 심어지겠지만, 도시에선 공원이나 아파트단지 정원에 많이 심어진다. 봄에 예쁜 꽃을 피우면서 여름에는 푸른 매실을 매달고 있어 사람들에게 사랑을 받는다. 꽃이 피기 전에 어떤 나무가 매화나무인지 잘 모르겠다면 녹색의 어린 가지가 삐쭉삐쭉 자라고 있는 나무를 찾아보라. 녹색의 여린 가지가 있으면서 푸른빛이 도는 꽃눈이 부풀어 있다면 십중팔구 매화나무이다. 그리고 비슷한 시기에 노란 꽃잎이 보일락 말락 부풀어 있는 산수유 꽃눈을 찾아보라. 나무가 깨어났음을 눈으로 확인할 수 있다.

그렇다면 나무는 어떻게 봄이 온 줄 알고 겨울눈을 부풀릴까? 때를 잘못 맞춰 꽃을 피우면 꿀벌을 만나지 못할 수도 있다. 그러면 공들여 만든 꽃이 무용지물이 될 것이다. 때를 맞춘다는 것은 나무에게 굉장히 중요한 일이다. 달력도 없고, 다른 식물들의 변화를 볼 수도 없는 나무가 어떻게 때를 맞춰 꽃을 피울까?

식물의 태양력

사실 식물은 도시에 살고 있는 사람들과 같은 달력을 쓴다. 현대 도시인들이 쓰는 달력은 태양력이다. 태양의 위치를 살펴 숫자로 기록했다. 우리는 그 숫자를 읽으며 오늘 날짜를 알아낸다. 식물에겐 오늘이 3월 2일인지, 3월 5일인지가 중요하지 않다.

녹색의 여린 가지가 있으면서 푸른빛이 도는 꽃눈이 부풀어 있다면 십중팔구 매화나무이다.

산수유 꽃눈의 겨울(왼쪽)과 3월초(오른쪽) 모습. 이미 겨울잠에서 깨어났다.

숫자보다 지금 봄이 오고 있는지, 여름이 얼마나 계속될지, 겨울은 언제 오는지 알아내는 것이 중요하다. 우리나라 같은 중위도 지역에 사계절이 생기는 것은 지구가 자전축이 기울어진 채 태양 주변을 공전하고 있기 때문이다. 지구가 태양의 어느 쪽에 위치하느냐에 따라 태양 빛의 세기도 달라지고 빛을 비추는 시간도 달라진다. 겨울에는 우리나라를 비추는 태양 빛의 세기가 약하고, 동시에 태양 빛을 비추는 시간은 짧다. 여름에는 그 반대이다. 계절이 겨울에서 봄으로 옮겨갈 때 낮은 점점 길어진다. 태양 빛이 비추는 시간은 지구와 태양의 위치에 따라 달라지며, 당연히 해마다 같은 날엔 같은 밤낮의 길이를 갖는다. 만약 식물이 태양 빛이 비추는 시간의 변화를 계산할 수 있다면 그날이 언제인지 정확하게 알 수 있을 것이다.

꽃을 피우기 위해서는 밤낮의 길이를 아는 것만으로는 부족하다. 기상 여건과 주변 환경에 따라 온도가 달라질 수 있기 때문이다. 낮이 아무리 길어도 추위가 닥쳐와 꿀벌이 움직이지 못한다면 꽃을 피워도 소용없다. 식물은 태양 빛이 비추는 시간과 온도의 변화를 읽어 꽃을 피울 시기를 결정한다.

'태양 빛이 비추는 시간'이라는 말을 다른 말로 표현하면 '낮'이다. 낮과 밤의 길이 측정 장치라는 기가 막힌 생체 달력을 갖고 있는 식물들이 어떻게 이런 일을 해낼 수 있는지 아직까지 모르는 것이 많지만, '피토크롬phytochrome'이라는 색소의 역할은 알려져 있다. 피토크롬은 구조적으로 약간의 차이가 있는 두 가지 형태로 식물체 내에 존재한다. 이 두 피토크롬은 빛의 유무에 따라 형태를 바꾼다. 즉, A와 B라는 두 가지 형태의 피토크롬이 있다면, 빛을 받을 때 A가 B로 변하고 빛을 받지 않을 때 B가 A로 변한다. 이 변화를 계산하면 밤과 낮의 길이를 측정할 수 있다.

또 대부분의 식물은 빛과는 별개로 온도를 측정하는 장치를 갖고 있다. 식물의 활동에 필요한 열이 체내에 차곡차곡 쌓이면 그제야 비로소 활동을 시작한다. 최근 고려대학교 생명과학과 안지훈 교수팀의 연구에 따르면, 특정한 단백질이 온도 변화를 감지해 기온이 낮아질 때 개화를 앞당기는 유전자의 발현을 억제한다고 한다.

온도와 태양 빛의 변화를 감지해서 얻은 정보는 식물이 매우
중요한 의사결정을 하는 데 바탕이 된다. 꽃을 피우는 시기,
열매를 맺는 시기, 낙엽을 떨어뜨릴 시기 등을 제때
결정하지 못하면 식물은 죽거나 후손을 남기지 못한다.
달력이 꼭 필요할 텐데 눈으로 볼 수가 없으니
몸속에 달력을 만들어놓은 것만 같다.
이 달력에 맞추어 올해도 식물은 꽃을 피울 것이다.
이제 봄이 시작됐다.

2

풀밭의 봄나물

식물의 방어물질

수렵·채집을 하려는 인간의 습성은 21세기를 살아가는 도시인에게도 여전히 남아 있다. 이를 쉽게 확인할 수 있는 곳은 초봄의 공원이다. 아직 겨울의 색인 갈색을 띠고 있는 잔디 사이에서 자라고 있는 푸른 풀들이 보인다. 동시에 그 근처에 쪼그려 앉아 있는 할머니도 보인다. 어린 시절을 농경사회에서 보낸 할머니들이 초봄에 올라오는 봄나물을 못 본 척 지나치기란 길에 떨어진 동전을 그냥 지나치는 것만큼 어려운 것 같다. 이런 할머니들과는 달리 산업사회에서 태어나 정보사회를 살고 있는 대부분의 젊은이에겐 공원의 봄나물은 그림의 떡이다. 풀밭에서 자라는 풀 중에 먹을 수 있는 것을 골라내는 능력은 이미 상실한 지 오래이다. 섣불리 한 움큼 캐먹었다간 병원 신세를 지기 십상이다. 시장이나 마트에 가면 안전한 먹거리들이 즐비한 세상에 살면서 공원 한쪽 바닥에 자라고 있는 풀밭에서 먹을 수 있는 풀을 골라내는 능력까지 갖추는 것은 낭비일지도 모른다. 하지만 쭈그려 앉은 할머니들을 볼 때마다, 가끔씩 시골에서 보내는 삶을 꿈꿀 때마다 지천에 자라고 있는 풀 중에 먹을 수 있는 것을 골라내는 능력이 있으면 얼마나 좋을까라는 생각이 드는 건 어쩔 수 없다. 조금 위안이 되는 건, 풀밭의 할머니들도 도시에서 사신 지 꽤 오래되어 다양한 봄나물을 캐지는 못한다는 것이다. 그들의 검은 비닐봉지 안에는 쑥과 냉이가 대부분이다. 쑥과 냉이 중 도시 젊은이들도 도전해볼 만한 것은 초봄의 쑥이다. 할머니를 조금만 쫓아다니면 금세 수렵·채집 시절의 본능이 꿈틀댄다. 할머니가 뜯는 쑥의 모양을 보았다가 비슷한 것을 뜯으면 된다. 조금 헛갈린다면 잎을 뒤집어 보라. 흰색이면 그게 쑥이다.

쑥의 뒷면은 흰색이니 헛갈리면 잎을 뒤집어 보자.

다른 풀들과 구분하기 쉬운 쑥과 달리 냉이는 초보 나물꾼들에게는 조금 높은 벽이다. 초봄의 냉이는 잎을 방사선 모양으로 쫙 펼친 상태로 땅바닥에 붙어 있다. 냉이의 겨울나기 방법이다. 겨울눈이 겨울을 나기 위해 딱딱한 껍질이나 털에 싸여 있듯이, 냉이는 바닥에 딱 붙어 공기와 직접 접촉하는 면을 줄임으로써 차가운 바람을 피하고 체온의 손실을 줄이며 겨울을 난다. 이런 모양으로 겨울을 나는 식물을 로제트rosette형 식물이라고 한다. 로제트형으로 겨울을 나면 추위를 피하면서도 꽤 오랫동안 광합성을 할 수 있다. 겨울에 광합성을 해서 만든 영양분은 몸을 키우는 데 쓰지 않고 뿌리에 저장한다. 봄이 되자마자 꽃을 피워야 하는 냉이에게 겨울 동안 뿌리에 저장해놓은 영양분은 요긴하게 쓰인다. 동시에 반찬으로도 요긴하게 쓰인다. 냉이가 뿌리에 저장해놓은 영양분은 사람에게도 영양분이 된다. 그래서 쑥은 뜯고, 냉이는 캔다.

문제는 로제트형으로 겨울을 나는 풀이 냉이뿐이 아니라는 것이다. 겨울을 나야 하는 두 해 이상 살아가는 풀들 사이에서 로제트 전략은 잘 알려진 월동 방법이다. 그러니 냉이도, 개망초도, 질경이도 땅에 딱 달라붙어 있다. 자세히 보면 풀의 종류에 따라 그 모양이 다르지만, 초보 나물꾼들에겐 그놈이 그놈 같아 보인다. 그러니 잘 모르겠으면 그냥 사 먹자. 잘못 먹으면 탈난다.

식물의 화학무기

풀을 잘못 먹었을 때 탈이 나는 이유는 풀이 독소를 갖고 있기 때문이다. 독소는 식물의 방어물질이다. 땅에 뿌리를 박고 사는 것

바닥에 붙은 채로 겨울을 나는 로제트형 식물들. 왼쪽부터 개망초, 뽀리뱅이, 냉이

은 식물의 숙명이다. 식물은 동물과 달리 천적에게서 도망칠 수 없다. 뿌리를 뽑아 들고 도망친다는 건 죽음을 의미한다. 곤충부터 인간에 이르기까지 온갖 동물이(심지어 버섯도) 호시탐탐 식물을 노린다. 도망칠 수 없으니 방어 무기를 갖추어야 한다. 가시와 같은 재래식 무기만으로는 부족하다. 독소와 같은 화학무기 정도는 갖춰야 하지 않을까? 사실 식물 무기체계의 기본은 재래식 무기가 아니라 화학무기이다. 식물은 다양한 화학무기를 개발해 천적에 맞서고 있다.

‘피톤치드phytoncide’는 식물을 뜻하는 ‘피톤phyton’과 죽이다를 뜻하는 ‘치드cide’가 합쳐진 말이다. 자신을 해치려는 곤충이나 균류(버섯, 곰팡이), 병원균에게서 스스로를 보호하기 위해 만든 물질이다. 대부분의 식물은 이런 방어 물질을 갖고 있다. 이 화학물질의 향은 온 숲으로 퍼져나간다. 이 향을 싫어하는 녀석들은 피톤치드를 지닌 식물에게 가지 않는다. 피톤치드는 곤충이나 병원균에게는 효과가 있을지 모르지만 인간에게는 그렇지 않다. 몇몇 인간은 피톤치드가 몸에 좋다고 피톤치드를 찾아 전나무 숲이나 삼나무 숲으로 간다. 기껏 스스로를 보호하기 위해 피톤치드를 만들어놓았더니 그것이 몸에 좋다고 찾아와 들이마시는 걸 보면 식물의 입장에서는 기가 차기도 하겠다.

피톤치드를 열심히 뿜어내는 전나무의 처지가 아무리 딱해도 커피나 고추에 비하면 아무것도 아니다. 커피의 향과 맛, 고추의 매운맛은 커피나무와 고추가 씨앗을 지키기 위해 만들어놓은 화학무기이다. 우리는 카페인이나 캡사이신 같은 그들의 무기 이름을 알고 있다. 그들의 화학무기는 분명 그들 근처에 살고 있는 곤충이나 작은 포유동물들이 씨앗을 모조리 먹어치우는 것을 막는데 성공했을 것이다. 하지만 그 화학무기의 맛에 홀린 인간을 끌어들여 커피와 고추의 씨앗을 갈아 없애게 했다.

'재료 본연의 맛'을 추구하는 요즘 사람들의 식성 또한 식물을 기가 막히게 만든다. 사람들은 '재료 본연의 맛'을 잘 살리는 식당을 찾아가 기꺼이 줄을 서고, SNS를 통해 자발적으로 광고까지 해준다. 그런데 식물의 경우, '재료 본연의 맛'은 대부분 자신의 몸을 보호하기 위해 만든 방어 물질에서 나온 것이다. 아이러니하게도 재료 본연의 맛을 없애는 주범으로 인식되는 향신료도 대부분 식물의 방어물질이 만들어낸 맛이다. 화학물질을 만드는 것은 식물의 입장에서는 꽤나 비용이 많이 드는 일이다. 자신의 몸을 지키기 위해 그 많은 비용을 들여 기껏 방어물질을 만들어놓았더니, 그것

재래식 무기의 대표는 가시이다. 주엽나무처럼 적나라한 가시를 만들어내기도 하고, 익모초처럼 꽃받침 겸용 가시를 만들기도 한다. 아카시아나무로 불리는 아까시나무는 새순을 가시로 보호하고 있다. 하지만 식물의 기본적인 무기체계는 화학무기이다.

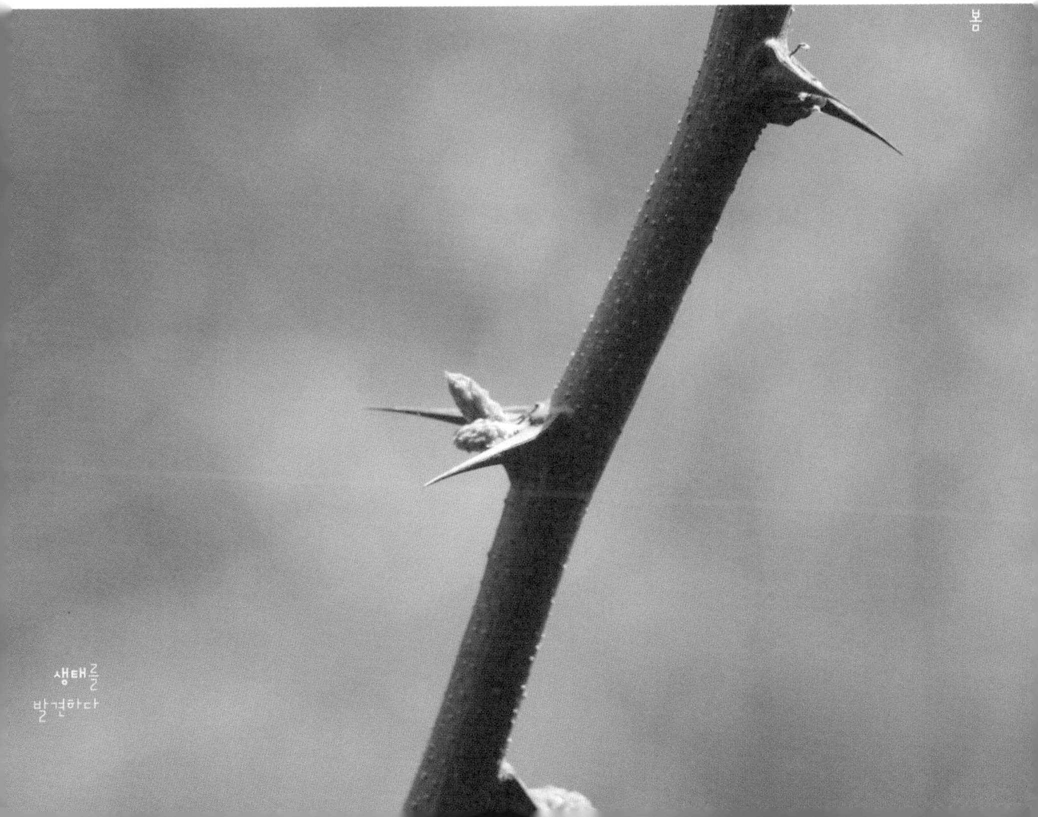

이 재료 본연의 맛이라며, 또는 음식에 뿌려가며 열심히 먹어대는 인간을 보면 식물은 무슨 생각을 할까? 식물이 아무리 방어물질을 만들어도 그것이 모두에게 통하는 것은 아니다.

반대로 동물도 어떤 방어물질은 견딜 수 있고 어떤 물질은 먹을 수 없다. 식물의 방어물질을 좋아하는 것처럼 보이는 인간도 먹지 못하는 식물이 훨씬 많다. 또 식용 가능했던 먹이지만 세균에 감염되거나 상해서 먹지 못하는 상태로 변하기도 한다. 그러니 동물이 생존하기 위해서는 먹을 수 있는 것과 없는 것을 구분하는 능력이 매우 중요하다. 동물은 세대에 걸친 진화와 경험을 통해 먹을 수 있는 것을 구분하는 능력을 발전시켜왔다. (요즘 젊은 도시인들은 '풀밭에서 봄나물 골라내기 능력'은 퇴화한 듯 보이지만, 시장과 마트에 안전한 식품을 갖다놓게 하는 능력은 발달하는 것으로 보인다.)

맛있으면 몸에 좋다

'입에 쓴 약이 몸에 좋다'라는 말이 있지만, 입에 쓴 것의 대부분은 몸에 좋지 않다. 입에 단 것, 즉 맛있는 것이 몸에 좋다. 길에서 풀 하나를 뜯어 먹어보라. 쓰면 뱉고 달면 삼킬 것이다. 인간은 왜 맛을 알게 되었을까? 생존에 불필요한 기능은 진화 과정 속에서 전달되기 어렵다. 단순한 유희를 위해 어떤 기능을 진화시키기에 야생은 그리 호락호락한 환경이 아니다. 유희를 위한 것처럼 보이는 형질도 결국에는 생존에 유리하기 때문에 남게 된 경우가 많다. 수많은 경쟁자의 틈과 자연선택 과정에서 끝까지 살아남기 위해서는 최대한 효율적인 몸을 갖추어야 할 필요가 있다. 맛을 판별하는 능력도 생존과 연관이 있다. 우리는 온갖 감각을 통해 무엇이 먹을 수 있는 것인지 판단한다. 이는 생존에 필수적인 능력이며 미각도 이 판단에 동원된다.

인간이 어떤 먹이를 먹을 수 있는지 판단할 때 사용하는 첫 번째 감각은 시각이다. 인간은 상한 음식이 어떻게 생겼는지 대충 안다. 아무리 평소에 좋아하던 치킨과 떡볶이라도 눈으로 봤을 때 시퍼런 곰팡이가 피어 있으면 먹지 않는다. 또 화려한 색의 버섯은 먹지 않는다. 그런 종류의 버섯은 독이 있을 가능성이 높다고 TV에서 봤기 때문이다. 우리는 TV에서 봐서 화려한 버섯에 독이 있음을 알지만 대부분의 동물은 본능적으로 그것을 안다. 먹이가 되는 동식물의 입장에서는(버섯은 동물도, 식물도 아니지만) 잡아먹히지 않기 위해 최대한 몸을 숨기는 것이 유리하다. 보호색을 띠거나 의태를 해서 숨는다. 그런데 반대로 화려한 색으로 눈에 띄게 진화했다는 것은 어떤 의미일까? '나 여기 있으니 잡아먹어라!'가 아니라 '나 여기 있으니 먹지 마라!'라는 뜻이다. 독버섯이나 독개구리처럼 독이 있는 생물들은 하나같이 화려하다. 몸속에 독을 품고 있다면 이를 적극적으로 알리는 것이 생존에 유리하다. 나를 먹고 '같이 죽자'라고 하기보다는, 독이 있으니 '먹지 마라'라고 하는 방향으로 진화한 것은 고개가 끄덕여진다.

눈으로 봤을 때 먹을 수 있는지 판단하기 어렵다면 후각을 동원한다. 시각이 빛을 판독하는 감각이라면, 후각은 화학물질을 읽어내는 감각이다. 특정한 화학물질에서 발산되는 물질을 냄새라는 매개를 통해 읽어낸다. 눈으로 봐서 멀쩡해 보여도 냄새를 맡아 이상하면 먹지 않는다. 촉각도 한몫한다. 먹이를 만졌을 때 너무 물컹하거나 뭔가 이상한 느낌이 든다면 먹지 않는다. 이 모든 감각의 테스트를 통과한 먹이는 인간의 입으로 들어간다. 이때 마지막 단계가 남아 있다. 미각, 즉 맛이다. 미각도 물질의 화학식을 읽어낸다. 코의 화학식 해석 방식이 냄새라면, 혀의 방식은 맛이다. 먹었을 때 맛이 없다면 뱉어낸다. 그것은 몸에 나쁠 확률이 높다. 그러니 식물이 자신의 몸을 지키기 위해서는 맛이 없게 만들어야 한다. 식물의 방어물질이 대부분 쓰거나 떫거나 매운 이유이다. (최근의 영양 과잉 시대에 들어서면서 인간의 이런 능력은 오류를 범하기도 한다. 생존과 번식에 필요한 것보다 훨씬 많은 양을 먹으니 달콤한 고칼로리 음식을 먹는 것이 오히려 건강에 해로울 때도 있다. 입에 쓴 것들은 조금 먹으면 약이 되기도 한다.)

식물은 동물로부터 자신의 몸을 방어하기도 하지만, 동물을 이용하기 위해 적극적으로 유혹하기도 한다. 꽃 속의 달콤한 꿀, 과육이 듬뿍 담긴 열매는 동물을 유혹하기 위한 수단이다. 이런 것들은 동물의 생존에 도움이 되는 고칼로리 영양식품이다. 동물의 입장에서는 이런 식품을 만났을 때 맛있게 느껴야 생존 확률이 높아진다. 어떤 것이 먼저인지는 모르겠다. 동물이 단맛을 좋아해서 식물이 단맛의 열매를 만들게 됐는지, 아니면 식물이 단맛의 고칼로리 열매를 만들어서 동물이 단맛을 좋아하게 됐는지. 아마 서로 간에 영향을 주고받으며 진화했다는 것이 정답에 근접한 답변일 것이다.

곤충은 편식쟁이

풀을 뜯어 먹는 초식동물이나 나물을 무쳐 먹는 사람처럼 포유동물이 식물을 많이 먹을 것 같지만, 아마도 식물을 가장 많이 먹는 동물군은 곤충일 것이다. 광합성에 꼭 필요한 잎을 마구 갈아먹는 곤충은 식물에게 큰 골칫거리이다. 식물은 잎을 지키기 위해 방어물질을 내뿜어 아예 곤충이 근처에 오지 못하게(또는 싫어하게) 만든다. 어떤 식물은 평상시에는 가만히 있다가 곤충이 잎을 씹으면 그때 소화효소 억제 단백질을 생산하기도 한다. 그 곤충은 잎을 먹을 때 '소화효소 억제 단백질이니 먹지 말아야겠다'라고 판단하기보다는 '냄새가 이상하다'거나, '정말 맛이 없다'라는 식으로 느낄 가능성이 높다. 그런데 맛이 없는 것을 정말 잘 먹는 사람들이 있다. 삭힌 홍어는 맛이 있을까? 많은 사람이 그 냄새와 맛을 싫어하지만 이를 이겨낸 사람들은 그것만큼 맛있는 것이 없다고들 말한다. 곤충도 그렇다. 특정 식물의 방어물질이 보통의 곤충들에게는 기분 나쁘게 느껴지지만 이를 이겨낸 곤충에게는 군침을 흘리게 할 수도 있다. 인간과의 차이점이라면, 인간은 인간이라는 종 내에서 특정한 개체들이 삭힌 홍어를 좋아하는 반면 곤충은 종 차원에서 식성이 갈린다는 점이다.

배추흰나비애벌레는 배추나 무의 잎을 주로 먹는다. 생무에서 나는 톡 쏘는 향과 약간 쓴 맛을 느껴본 사람은 그 '재료 본연의 맛'을 알 것이다. 그것이 무가 지닌 방어물질의 냄새요 맛이다. 많은 곤충은 이 냄새를 맡으면 가까이 가는 것을 꺼리지만, 배추흰나비는 이 냄새에 이끌려 그곳에 알을 낳는다. 알에서 깨어난 애벌레는 그 냄새에 식욕이 돋아 배추와 무의 잎을 먹어치운다.

방어물질을 이겨냈다는 것은 그것을 해독하는 메커니즘을 개발했거나, 소화해 영양소로 쓸 수 있거나, 그대로 배출했다는 뜻이다. 어떤 곤충은 한발 더 나아가 식물의 방어물질을 몸속에 저장해 자신을 방어하는 물질로 사용하기도 한다. 남생이잎벌레는 명아주의 방어물질을 몸에 축적해 자신을 방어하는 물질로 사용한다. 컴프리라는 식물은 한때 만병통치약처럼 쓰였지만, 최근엔 컴프리에 포함된 알칼로이드 물질(컴프리의 방어물질이다)이 간 기능을 손상시키고 암을 유발하는 것이 입증되어 식품 원료로의 사용이 금지되었다. 어떤 작은 불나방은 사람이 이겨내지 못한 이 물질을 이겨냈다. 애벌레 때부터 차곡차곡 몸속에 쌓아 성충이 됐을 때 방어거품으로 사용한다.

식물의 방어물질은 현재 알려진 것만 수만 가지에 이른다. 곤충은 현재 밝혀진 종만 100만 종에 이르며 전문가들은 400만~600만 종에 이를 것으로 판단한다. 그중 식물을 먹고 사는 곤충이 30퍼센트 정도 된다. 식물의 방어물질이 그 모든 종의 곤충을 막아내기란 불가능하며, 반대로 곤충이 모든 식물의 방어물질을 이겨내는 것도 불가능하다. 대부분의 식물은 자신이 만들어낸 방어물질로 많은 곤충을 막아내지만 그것을 뚫고 들어온 곤충에게는 몸을 허락할 수밖에 없다.

봄이 오면 꽃이 피고 잎이 난다. 이에 맞춰 곤충도 등장한다.
꽃 피는 봄에 봄꽃에만 이끌리지 말고, 식물들 주위에서
살아가는 곤충을 살펴보는 것은 어떨까?
곤충의 상당수는 편식쟁이이니 곤충을 보고 싶다면
그 곤충이 무엇을 먹는지 먼저 알아보고,
그들의 먹이 앞을 서성이다 보면 당신이 만나고자 했던
곤충을 만날 수 있을 것이다.

똥을 먹는 개

소화

봄이 오면, 꽃과 잎과 곤충만 나타나는 것이 아니다. 개도 산책을 시작한다. 아무리 게으른 주인일지라도 겨울 내내 집 안에서만 틀어박혀 지낸 개를 모른 척하긴 힘들다. 동네엔 한 손에는 개 줄을, 한 손에는 검은 비닐봉지를 든 사람들이 보이기 시작한다. 요즘에는 개도 줄에 매여 다니고, 줄에 매인 개가 싼 똥도 바로 비닐봉지로 들어가지만, 예전에는 동네를 활보하는 개가 많았고, 그 개가 싸놓은 똥도 많았고, 길에 똥을 싸고 도망간 사람도 있었고, 그 똥을 먹는 개도 많았다. 동네를 활보하며 때때로 똥을 먹는 개들은 목줄이 없는 자유를 마음껏 누리며 이 집 저 집 들러 연애를 하곤 했다. 그러다 보니 똥을 먹는 개는 잡종이 많았고, 잡종개를 똥개라 부르게 되었다.

똥개는 미각을 잃은 것일까? 무슨 맛으로 똥을 먹을까? 똥을 먹는 개에게 똥은 피해야 할 것이 아니라 취해야 할 것으로 여겨지는 것 같다. 똥을 먹는 것이 먹지 않는 것보다 해롭다면, 개는 똥에서 나는 냄새나 맛을 싫어하는 방향으로 진화했을 것이다. 그런데 생각해보면 개가 똥을 먹으면서 인상을 찌푸리는 걸 본 적은 없는 것 같다. 똥을 잘 먹지 않는 개도 길을 가다가 똥을 보면 다가가 기꺼이 코를 가까이 댄다. 생각해보면 똥 냄새와 같은 구리고 썩은 냄새를 모든 동물이 싫어하는 것은 아니다. 이를 특히 좋아하는 동물이 있는데, 우리가 제일 잘 아는 동물은 파리이다. 파리도 똥 위에서 많이 보여서 똥파리라고도 부른다. 똥파리는 똥에서 영양분을 취하는 것이 확실해 보인다. 이런 파리의 특성을 이용한 식물도 있다. 우리는 식물이 모두 달콤한 향기로 곤충을 유인해 꽃가루받이를 할 것이라고 생각하지만 생각보다 많은 수의 꽃은 시체 썩는 냄새를 풍긴다. 이유는 단순하다. 시체 썩는 냄새를 좋아하는 곤충을 유인하기 위해서이다. 썩은 내를 만들어내는 꽃 중 가장 유명한 것은 세계에서 가장 큰 꽃으로 알려진 라플레시아rafflesia이다. 동남아시아 열대우림에 사는 이 꽃은 시체 썩는 냄새를 풍겨 파리를 유혹한다. 이 꽃의 수정은 파리가 담당한다.

먹을 만하니까 먹겠지

무엇을 먹는 이유는 그것을 어떤 식으로든 이용하기 위해서이다. 보통은 생명을 유지하고 활동하는 데 에너지로 사용하거나, 몸을 구성하는 요소로 쓴다. 어떤 식으로든 이용되지 않는 것을 일부

세계에서 가장 큰 꽃으로 알려진 라플레시아. 시체 썩는 냄새로 파리를 유인해 수정한다.

러 먹을 필요는 없다. 개가 일부러 똥을 먹는 것은 똥을 이용하기 위함이다. 대부분의 똥에는 영양분이 남아 있다. 먹이를 몸이 흡수할 수 있도록 분해하는 것을 '소화'라고 하는데, 동물은 자신이 먹은 것을 완벽하게 소화하거나 흡수할 수 없다. 어떤 것은 먹으면 한 번에 소화되기도 하지만 어떤 것은 전혀 소화되지 않고 배설되기도 하며, 어떤 것은 조금 소화된 채 배설되기도 한다. 그러니 그렇게 배설된 똥은 때때로 배 속을 통과하지 않은 먹이보다도 더 소화하기 쉬운 먹이일 수 있다(일단 한 번 분해과정을 거치고 나왔으니 말이다). 똥을 잘 소화할 수 있는 개의 입장에서는 주인이 목줄을 끌어당기지 않는다면 굳이 그 좋은 먹이를 안 먹을 이유는 없다.

토끼는 자신의 똥을 먹는 동물로 많이 알려졌다. 풀을 먹은 토끼는 어느 정도 소화가 된 푸르스름한 똥을 싼다. 그 똥을 한 번 더 먹고 똥을 싸면 우리가 알고 있는 동글동글한 토끼똥이 된다. 토끼는 자신의 똥을 먹음으로써 하나의 먹이에서 얻어낼 수 있는 영양분을 최대한 뽑아낸다.

개미는 다른 동물의 배설물을 먹는 것으로 유명하다. 개미와 진딧물은 동물의 아름다운 공생을 이야기할 때 빠지지 않고 등장하는 주인공들이다. 개미는 진딧물을 지켜주고, 진딧물은 그 대가로 개미에게 달콤한 물을 준다는 것이 이 이야기의 핵심 줄거리이다. 이때 진딧물이 개미에게 주는 달콤한 물은 다름 아닌 진딧물의 배설물이다. 진딧물은 식물의 즙을 빨아 먹고 사는 곤충이다. 긴 주둥이를 식물의 줄기에 꽂아 체관을 지나는 즙을 빨아 먹는다. 진딧물이 빨아 먹는 식물의 즙은 광합성의 산물인 탄수화물과 물이 다량으로 들어 있다. 하지만 진딧물이 살아가고 새끼를 낳기 위해서는 단백질을 비롯한 다른 영양소도 필요하다. 식물의 즙을 배부를 정도로 먹으면 탄수화물과 물은 충분할지 몰라도 단백질이 부족하게 된다. 이를 해결하기 위해 진딧물이 택한 방법은 필요한 단백질을 얻을 수 있을 만큼 식물의 즙을 많이 먹는 것이다. 이때의 문제점은 탄수화물과 물을 지나치게 많이 섭취한다는 것이다. 진딧물은 과잉이 된 탄수화물이 섞인 물을 모두 소화하지 않고 밖으로 배출한다. 탄수화물이 섞인 물은 설탕물처럼 달다(설탕은 유명한 탄수화물이다). 개미는 그것을 먹는다. 탄수화물이 포함된 물이 개미에게 좋은 에너지원이 됨은 말할 필요가 없다. 이것은 개미의 입에도 달다.

개미가 먹는 진딧물의 단물은 진딧물이 다 소화하지 못한 배설물이다.

안 먹을 만하니까 안 먹지

동물의 똥에 영양분이 남아 있지만 모든 동물이 똥을 먹는 것은 아니다. 똥에는 영양분만 있는 것이 아니라 그것을 배설한 동물의 몸속에 살고 있는 세균이나 기생충도 섞여 있을 수 있다. 섣불리 동네에 굴러다니는 똥을 먹다가는 이름 모를 세균이나 기생충에 감염되어 생명이 위태로울 수도 있다. 이를 이겨낼 수 있어야 똥을 먹을 수 있다. 인간은 똥을 먹어서 얻는 이득보다는 해가 더 많다. 인간에게는 똥을 먹는 것이 위험하다. 그래서 인간은 똥을 보면 식욕이 당기지 않고 눈살을 찌푸리며 피하도록 진화했다. 인간에게 똥은 맛이 없다. (개처럼 똥을 먹는 동물들은 장 내에 꼭 필요한 세균을 보충하기 위해 똥을 먹기도 한다. 그러니까 이런 동물들은 세균을 먹기 위해 똥을 먹는 것이다.)

먹어서 위험한 것도 안 먹지만, 별 필요 없는 것도 먹을 이유가 없다. 먹을 것이 없는 극심한 빈곤 상태를 표현하는 말로 '초근목피草根木皮'라는 표현이 있다. 풀뿌리와 나무껍질이라는 뜻인데, 먹을 것이 없다면 초근목피라도 먹으며 지낸다는 말이다. 정말 먹을 것이 없으면 초근목피라도 먹어야겠지만, 냉이 뿌리와 같은 초근이면 몰라도, 목피는 식량이 될 수 없다. 인간은 나무껍질을 소화할 수 없기 때문이다. (조상들이 어려운 시절 먹었던 목피는 진짜 나무껍질이 아니라 주로 소나무의 속껍질 부분이었다.) 껍질을 포함한 나무의 목질 부분의 주성분은 셀룰로오스cellulose이다. 수십 미터 높이의 나무를 지탱하는 기둥의 주성분답게 매우 단단하다. 인간의 소화효소로는 셀룰로오스를 분해할 수 없다. 나무껍질을 아무리 먹어도 에너지원으로 사용할 수 없다.

그렇다고 모든 동물이 셀룰로오스 소화에 실패한 것은 아니다. 달팽이는 셀룰로오스를 분해할 수 있는 소화효소를 만들 수 있는 몇 안 되는 동물이다. 덕분에 신문지도 맛있게 먹는다. 셀룰로오스 소화능력을 갖춘 대부분의 동물은 미생물의 도움을 받는다. 숲속에서는 죽은 나무를 먹어치워 생태계 물질순환에 공이 크지만, 민가에서는 목조건물의 기둥을 갉아 먹는 걸로 악명이 높은 흰개미도 그렇다. 흰개미의 나무 소화능력은 몸속 미생물이 셀룰로오스를 흰개미가 흡수할 수 있는 형태로 바꿔줌으로써 생겨났다. 포유류 중에서도 소나 양, 염소와 같이 되새김질을 하는 동물의 장속에는 셀룰로오스 분해 미생물이 살고 있어 단단한 섬유소를 분해해 에너지원으로 사용할 수 있다. 인간의 장 속에는 셀룰로오스 소화에 도움을 주는 미생물이 없으니 식이섬유가 몸에 좋다고 아무리 먹어도 그것을 에너지원으로 사용할 수는 없다. 식이섬유는 배고픈 사람보다는 배부른 사람의 몸에 좋다. 나무껍질은 안 먹는 것이 좋다.

소화와 인간의 진화

보릿고개를 겪던 시절, 냉이 뿌리조차 찾기 힘든 지경에 이르면 진짜 나무껍질을 삶아 먹었다는 말이 전설처럼 내려온다. 우리 조상들도 인간이 나무껍질을 소화시키지 못한다는 것을 알고 있었나 보다. 그래서 최후의 수단으로 나무껍질을 먹을 때에도 그냥 날로 먹지 않고 뜨거운 물에 삶아 먹었다. 안타깝게도 나무껍질은 뜨거운 물에 삶아도 소화할 수 없지만, 야생의 많은 생물은 뜨거운 물에 삶거나 불에 구우면 조직구성이 인간이 소화하기 쉬운 형태로 바뀌기도 한다. 또 불을 이용해 음식을 조리하는 과정에서 인간의 몸에 해로운 미생물과 기생충을 죽일 수도 있다. 이렇게 불을 이용하면 인간이 먹을 수 있는 음식의 범주가 넓어진다. 먹을 수 있는 부위가 늘어나고 소화효율이 높아지면서 똑같은 여우 한 마리를 잡아도 거기서 얻을 수 있는 에너지의 양이 급격하게 늘어났고, 먹을 수 있는 음식이 많아지면서 먹이를 구하는 데 쓰이는 시간을 줄일 수 있었다. 좀 더 연해진 조직은 그 음식을 몸속에서 소화하는 데 걸리는 시간을 줄였다. 인간이 음식을 소화하는 첫 단계는 입에서 잘게 자르는 것이다. 불을 이용해 조리한 음식은 그것을 씹는 데 들이는 시간이 더 짧아지도록 만들었다. 날것을 씹어 먹는 침팬지는 음식을 씹는 데에만 하루에 다섯 시간을 사용하지만, 익힌 음식을 먹는 인간은 한 시간이면 충분했다.

인간과 다른 동물의 큰 차이는 뇌 용량 비율의 차이일 것이다. 두뇌가 발달하기 위해서는 우선 머리 부분에서 두뇌가 차지할 수 있는 공간이 마련되어야 한다. 우리는 뇌를 너무도 중요하게 생각하는 나머지 머리의 대부분이 뇌라고 생각하는 경향이 있지만, 머리에는 뇌뿐 아니라 눈, 코, 입, 귀 같은 다양한 기관이 존재한다. 각각의 기관이 자리를 차지하는 비중은 종에 따라 다르다. 파리나 잠자리의 머리를 떠올려보라. 커다란 겹눈 두 쌍이 눈앞에 나타날 것이다. 이는 그들의 머리에서 눈이 차지하는 공간이 크기 때문이다. 똑똑한 잠자리가 되려면 머리 자체가 커지거나 머리의 상당 부분을 차지하고 있는 눈과 같은 다른 기관의 크기가 작아져 뇌가 커질 자리를 마련해줘야 한다. 인간은 소화를 위해 크고 강한 턱이 필요했지만 불을 이용해 조리하면서 그 중요성이 줄어들었다. 그만큼 턱은 작아질 수 있었고, 머리에서 뇌가 커질 수 있는 자리를

잠자리는 똑똑해지기에는 눈이 너무 크다.

마련해주었다.

뇌는 자리만 필요한 것이 아니라 많은 에너지를 필요로 한다. 인간은 가만히 있을 때 소비하는 에너지의 20~25퍼센트를 뇌에서 소비한다. 인간처럼 뇌를 많이 사용하기 위해서는 그만큼 많은 에너지가 필요하다. 불을 이용해 음식을 조리하는 습성은 인간이 얻을 수 있는 에너지의 양 자체를 늘렸다. 또한 소화에 사용되는 에너지의 양을 줄였다. 뇌에 못지않게 에너지를 많이 쓰는 기관은 소장이다. 날것을 먹을 때는 그것을 제대로 흡수하기 위해 긴 소장이 필요했다. 하지만 익힌 음식은 그리 긴 소장을 필요로 하지 않았고, 이 덕분에 소장의 길이와 소장이 사용하는 에너지가 줄었다. 뇌와 소장이 모두 에너지를 많이 사용하는 상태로는 진화하기가 어려웠다. 소장이 사용하는 에너지가 줄어든 것은 뇌가 사용할 수 있는 에너지의 여지를 많이 남긴 셈이 됐다. 이런 요소들이 인간의 뇌의 진화에 영향을 주었고, 결국엔 현재의 인류로 진화할 수 있는 원동력이 되었다. 이렇게 불을 사용해 음식을 조리하게 되면서 생긴 변화들이 인간의 진화에 큰 영향을 미쳤다는 이론이 '요리하는 유인원' 이론이다. 어떤가? 동의할 수 있는가? 먹이를 소화하는 방법이 이렇게 큰 영향을 미칠 수 있다는 사실이 놀랍지 않은가?

몸 밖에서의 소화

위에서 잠깐 언급했듯이 소화는 몸속 소화효소를 이용하는 것만을 뜻하지는 않는다. 몸에서 쉽게 흡수될 수 있도록 입에서 씹는 것도 소화과정의 하나이다. 그렇다면 먹이를 입으로 씹기 전에 칼로 잘게 다지는 것은 어떤가? 이것도 소화일까? 불을 이용해 조리한 요리는 먹이의 소화를 돕는다. 우리는 아파서 소화기능이 떨어질 때 쌀을 오랫동안 끓여 죽으로 만들어 먹는다. 이 역시 몸이 흡수하기 좋게 하기 위해 몸 밖에서 어느 정도 소화하는 과정이라고 말할 수 있다.

몸 밖에서 소화하는 것은 인간만 지닌 능력은 아니다. 곤충을 잡아먹는 거미는 먹이를 씹지 못하는 구강구조를 갖고 있다. 이 문제를 해결하기 위해 거미는 몸 밖에서 죽을 만들어 빨아 먹는다. 인간의 소화액인 침이나 위산은 사람의 몸속에서 사용된다. 음식을 일단 입에 넣은 후 소화액으로 분해하지 침을 뱉어 몸 밖에서 분해하지는 않는다. 거미는 음식에 '퉤 퉤 퉤' 침을 뱉어 녹여버린

거미는 먹이의 몸속에 소화효소를 주입해 녹인 후 빨아 먹는다.

다. 나방 한 마리가 미처 무당거미의 거미줄을 발견하지 못하고 걸린다. 진동을 느낀 거미는 먹잇감임을 감지하고 나방에게 다가간다. 몇 겹의 거미줄로 먹잇감을 칭칭 감는다. 살아 있지만 꼼짝할 수 없는 먹잇감의 몸속에 침을 꽂아 소화액을 주입한다. 딱딱한 외골격 안에 있는 맛좋은 육질 부분이 액체 상태가 된다. 말 그대로 몸 밖에서 소화가 일어난다. 이제 거미는 액체 상태의 먹잇감을 빨아 먹는다.

만약에 거미에게 씹는 턱이 있었다면 이렇게 몸 밖에서 소화하는 기능을 진화시키지 않았을지도 모른다. 무엇을, 어떻게 먹는지는 진화와 아주 밀접한 관련이 있다. 그러니 꿀벌의 입과 말벌의 입이 다르게 생긴 것이 그리 놀랍지는 않다.

4

꿀벌의 빠는 입, 말벌의 씹는 입
생물의 계통분류

4월이 되면 드디어 사람들의 머릿속에 '봄' 하면 떠오르던 풍경이 펼쳐진다. 벚꽃이 만개한 봄. 제주와 진해에서 출발한 벚꽃축제가 서서히 북쪽으로 올라오고, 음원 차트에서는 버스커버스커의 〈벚꽃 엔딩〉이 상위권으로 올라온다. 벚꽃축제 중 대한민국에서 가장 유명한 진해벚꽃축제는 4월 1일경 시작된다. 매년 벚꽃이 피는 진해로 가리라 마음먹지만, 살짝 정신을 놓고 있으면 축제가 끝나버린다. 진해벚꽃축제를 할 시기는 내가 살고 있는 인천에는 아직 벚꽃이 피지 않았을 때이다. 아무래도 내 눈앞의 벚나무들이 아직 꽃을 피우지 않아 벚꽃축제에 생각이 미치지 못하는 것 같다. '벌써 끝났어?' 하며 아쉬워할 때에 또 하나의 대표적인 벚꽃 군락지(가로수에 군락지라는 표현을 써도 될지 모르겠지만)인 여의도에 벚꽃이 피었다는 소식이 들려온다. 한번 가볼까 생각하다가도 수많은 인파와 다음 날 아침이면 쓰레기 더미가 곳곳에 쌓여 있을 모습을 상상하니 끔찍하다. 인천에서는 우리나라 최초의 서양식 공원인 자유공원의 벚꽃이 유명하다. 120년이 넘은 오랜 공원의 역사에 어울리는 커다란 벚나무들이 장관을 이룬다. 하지만 여기도 몇 년 전부터는 가장 아름다운 벚나무가 줄지어 서 있는 곳에 음식 판매대를 길게 늘어놓아 벚꽃을 제대로 즐기기 어려워졌다. 만약 당신이 벚꽃을 핑계로 진해도 가보고, 여의도도 가보고, 최초의 서양식 공원도 가보고 싶다면 앞의 세 곳을 방문하는 것을 추천한다. 하지만 벚꽃을 보는 것이 목적이라면 우리 주변에서도 예쁜 벚꽃을 얼마든지 볼 수 있다. 벚꽃을 좋아하는 사람들 덕분에 벚나무는 정원수나 가로수로 많이 심어졌다. 당신이 사는 곳이 한국의 도시라면, 그곳이 어디든 걸어서 10분 안에 벚나무를 만나게 될 것이다. 그러니 차분히, 조용한 곳에서 벚꽃을 즐기고 싶다면 동네를 둘러보길 권한다.

벚꽃은 사람들을 불러 모으지만 정작 벚나무는 사람에게 관심이 없다. 잎이 나기 전 나무 전체에 흰 꽃을 일시에 피우는 벚나무는 사람들에게 봄이 왔음을 극적으로 알려준다. 동시에 꿀벌들에게도 여기에 꽃과 꽃가루가 있음을 극적으로 알려준다. 벚나무의 관심은 꿀벌에게 있다. 사람이 몰려 소란스러운 벚꽃축제의 현장에서는 듣기 어렵지만, 동네의 조용한 벚나무 아래에서는 꿀벌들이 윙윙대는 소리를 쉽게 들을 수 있다. 수십, 때로는 수백 마리의 꿀벌이 벚나무 한 그루에 모여든다. 화려한 벚꽃은 인간에겐 유희이지만, 꿀벌들에겐 밥상이다.

꿀벌은 꿀뿐 아니라 꽃가루도 먹는다. 꽃가루는 나무의 정액이다. 새끼를 만드는 데 쓰이는 것이니 영양가가 높다. 꿀벌은 이 꽃가루를 모아 동그란 경단을 만들어 세 번째 다리에 잔뜩 붙여 집으로 돌아간다. 꽤나 무거운지 비행 속도도 좀 떨어지는 것 같다. 꽃가루는 꿀벌의 새끼들에게 좋은 먹이가 된다. 꽃 속 깊숙이 있는 꿀을 먹으려면 특수한 도구가 필요하기도 하다. 하지만 꽃 바깥쪽에 노출되어 수술에 붙어 있는 꽃가루는 쉽게 먹을 수 있다. 그러니 꿀뿐만 아니라 꽃가루를 먹기 위해서 다양한 곤충이 날아온다.

그중엔 꽃등에도 있다. 꽃등에는 꿀벌과 매우 흡사하게 생겨

꽃가루 경단을 만들고 있는 꿀벌.

구분하기 어렵다. 이 둘을 구분하는 쉬운 방법은 허리를 보는 것이다. 꿀벌은 분류상으로 벌목Hymenoptera에 속한다. 벌목 곤충의 특징 가운데 하나는 잘록한 허리이다. 잘록한 허리의 대명사 개미도 벌목이다. 꽃등에는 파리목이다. 파리 종류이지만 꿀과 꽃가루를 먹기 위해 꽃을 찾아 날아들고, 꿀벌과 비슷하게 생긴 녀석들이 생존에 유리해 살아남았다. 꽃등에는 곤충을 잘 모르는 보통 사람들이 파리라고 생각하지 못할 정도로 꿀벌의 색과 줄무늬를 닮았다. 하지만 꿀벌 정도의 잘록한 허리는 흉내 내지 못했다. 벚꽃을 찾아온 곤충이 꿀벌처럼 생겼는데 허리가 잘록하다면 꿀벌이고, 허리가 일자이거나 약간만 들어가 있다면 꽃등에라고 생각하면 거의 맞다. 꿀벌과 꽃등에 말고도 꽃무지, 잎벌레, 파리 등 수많은 곤충이 만찬을 즐기러 온다. 한 그루의 벚나무에 피는 꽃은 이처럼 많은 곤충을 먹여 살린다. 때로는 지역 경제도 먹여 살린다.

빠는 입, 씹는 입

육식을 하는 것으로 알려진 말벌도 꽃가루를 먹으러 벚꽃에 날아든다. 말벌은 꿀벌을 비롯한 곤충을 잡아먹지만 꽃가루나 과일을 먹는 녀석도 많다. 그러니 한 그루의 벚나무에서 꿀벌과 말벌을 함께 보는 것은 어렵지 않다. 벚꽃 위를 나는 듯 기는 듯 정신없이 돌아다니는 꿀벌과 말벌을 자세히 살펴보면 이 둘의 입이 다르게 생겼음을 확인할 수 있다. 꿀벌은 뭔가 기다란 것을 내밀어 꽃 속을 들락날락 거린다. 그 입을 꽃 속에 넣고 꿀을 빨아 먹는다. 말벌은 그런 것 없이 꽃 위를 기어 다니며 입으로 무언가를 부지런히

호리꽃등에(위)는 꽃등에 중에서도 허리가 많이 들어간 축에 속한다. 하지만 꿀벌의 잘록한 허리와는 비교가 안 된다. 개미(오른쪽)와 꿀벌(아래)은 둘 다 개미허리를 갖고 있는 벌목 형제들이다.

씹어댄다. 입의 모양이 다른 것은 주로 먹는 먹이가 다르기 때문이다. 꿀벌은 꽃 속 깊이 있는 꿀을 주로 먹기 때문에 꿀을 먹기 좋게 입이 길어졌고, 말벌은 주로 고기를 씹어 먹기 때문에 옆으로 벌려 씹을 수 있게 입이 진화했다.

진화할 때 먹이가 무엇인지는 매우 중요하다. 사는 데 가장 중요한 것은 먹는 것, 먹히지 않는 것, 자손을 남기는 것이다. 그러니 모든 동물은(동물뿐 아니라 식물도) 이를 잘할 수 있는 방향으로 진화했다. 우리가 호랑이나 소의 이빨을 보고 그것이 호랑이의 것인지 소의 것인지 알 수는 없지만, 이빨의 주인이 육식동물인지 초식동물인지는 쉽게 알아볼 수 있다. 그들이 주로 먹는 먹이에 맞춰 이빨이 다르게 진화했기 때문이다. 호랑이는 계통분류상 식육목에 속하고, 소는 우제목에 속한다. 꿀벌과 말벌은 모두 벌목에 속한다. 호랑이와 소는 서로 다른 목에 속하면서도 구강구조 중 이빨 정도만 다르게 생겼는데, 꿀벌과 말벌은 같은 벌목에 속하면서도 입의 구조 자체가 다르게 진화했다는 것이 놀랍다. 같은 목에 속했다는 것은 가까운 사촌 사이란 뜻인데 말이다. 곤충의 이런 과감한 진화가 아마 현재 수백만 종의 곤충이 지구 전역에서 번성하는 이유 가운데 하나일 것이다.

진화의 지도, 생물의 계통분류

계문강목과속종. 고등학교 생물 시간에 한 번은 들어봤을 법한 말이지만 이를 제대로 기억할 리 만무하다. 일상생활을 하는 데에 별 필요가 없는 이런 종류의 지식은 수학의 미적분처럼 곧 잊힌다. 하지만 우리 주변에서 함께 살아가고 있는 생물들을 이해하기 위해서(인간을 이해하기 위해서도) 이런 생물의 계통분류가 어떤 의미를 갖고 있는지 정도는 알아두는 것이 도움이 된다. 대부분의 자연사박물관이나 과학관에서는 많은 사람이 별 관심을 두지 않는다는 것을 알면서도 생물의 계통분류를 설명하고, 거기에 맞추어 전시를 해놓는다. 그만큼 계통분류가 생물을 이해하고 설명하는 데에 중요하기 때문이다. 생물 시간에 생물 분류에 아무런 의미를 부여하지 않고 달달 외우기만 했다면 이번 장을 보며 그 의미를 생각해보면 좋겠다. 생물을 보는 기준이 생기고, 박물관에 갔을 때 아이들(또는 어른들) 앞에서 체면도 설 것이다. 이번 장의 주된 출연자인 꿀벌과 사람, 벚나무를 중심으로 생물의 계통분류를 살펴보자.

계는 가장 큰 분류이다. 동물이냐 식물이냐 균류냐(곰팡이나 버섯 종류)처럼 아주 큰 분류에 해당한다. 그렇다면 꿀벌은 어디에 속할까? 동물계이다. 사람도 마찬가지로 동물계이다. 꿀벌이 찾아간 벚나무는 당연히 식물계에 속한다.

계 다음은 문. 우리가 아는 대표적인 문은 척삭동물문이다. 척삭은 척추처럼 몸을 지지하는 역할을 한다. 인간과 같은 척추동물은 태아 단계에서 척삭이 사라지고 척추가 생긴다. 척추동물은 척삭동물문을 구성하는 대표적인 동물군이다. 우리가 알고 있는 척추동물인 사람, 고양이, 참새, 살모사, 청개구리, 귀상어, 붕어 등이 척삭동물문에 속한다. 꿀벌은 척추나 척삭이 없다. 꿀벌은 절지동물문에 속한다. 꿀벌의 몸을 지지하는 것은 외골격이다. 단단한 외골격에 마디가 있는 다리를 갖춘 동물을 절지동물이라 한다(절지란 '나뉜 다리'라는 뜻이다). 거미, 전갈, 꽃게, 가재, 지네 등이 여기에 속한다. 꿀벌과 사람은 둘 다 동물계에 속하지만 '문'에서 갈라진다.

문 다음은 강이다. 여기서 우리가 잘 알고 있는 동물의 분류가 대거 등장한다. 고양이는 포유강이고, 참새는 조강이며, 살모사는 파충강이고, 청개구리는 양서강이다. 우리가 동물의 분류에서 배웠던 포유류, 조류, 파충류, 양서류 같은 것이 생물의 분류에서는 강에 해당된다. 앞의 네 개의 강은 모두 척삭동물문에 속한다. 앞의 네 개의 강에는 우리가 아는 척추동물 중 어류가 빠져 있다. 어류는 강의 단계에서 몇 가지로 나뉜다. 그중 대표적인 것이 연골어강과 경골어강이다. 연골어강의 대표적인 동물은 상어와 가오리이다. 상어와 가오리 종류를 뺀 대부분의 물고기를 경골어강이라고 봐도 된다. (먹장어나 칠성장어같이 턱이 없는 어류는 무악어강에 속한다. 하지만 그 숫자는 경골어강과 연골어강에 턱없이 미치지 못한다. 턱이 없어서 그런가?) 꿀벌은 곤충강에 속한다. 곤충 같은 절지동물문에 있는 다른 강에는 무엇이 있을까? 대표적으로 거미강과 갑각강이 있다. 거미강에 속하는 대표적인 동물은 거미와 진드기, 전갈이다. 갑각강에는 게와 가재가 속한다. 어린이 곤충 책에 보면 꼭 빠지지 않고 등장하는 것이 '거미는 곤충일까요?'라는 질문이다. 이 질문의 정답은 '아니다'이고, 그 이유로는 곤충은 다리가 여섯 개인데 거미는 여덟 개이며 곤충은 머리, 가슴, 배 세 부분으로 나뉘는데 거미는 머리가슴과 배 두 부분으로 나뉜다고 얘기한다. "곤충과 거미는 비슷해 보이지만 차이가 있다"라는 말을 생물의 분류체계를 들어 이야기하면, "곤충과 거미는 모두 절지동물문에 속해 비슷하지만, '강'의 단계에서 곤충강과 거미강으로 나뉜다" 정도로 말할 수 있다. 우리가 보기에는 곤충과 거미가 비슷해 보이지만, 분류체계 안에서 거미는 곤충보다 전갈과 훨씬 가까운 사이이다. 거미도 전갈도 다리가 여덟 개이다.

지금까지 한 얘기를 한번 정리해보자. 꿀벌은 동물계 절지동물문 곤충강에 속한다. 인간은 동물계 척삭동물문 포유강에 속한다. 인간과 꿀벌이 모두 정신을 잃고 쳐다보았던 벚나무는 식물계 속씨식물문 쌍떡잎식물강에 속한다.

강 다음은 목. 같은 목 정도는 되어야 사촌지간이니 친척 사이니 같은 말을 쓸 정도가 된다. 꿀벌은 '벌목'이다. 곤충의 '목' 단계로 넘어오면 우리가 흔히 부르는 곤충의 이름이 등장한다. 벌, 파리, 딱정벌레, 메뚜기, 잠자리, 노린재 모두 목의 이름이다. 강가를 산책하다가 어리장수잠자리를 보고 "어리장수잠자리다!"라고 말하는 사람은 아마 없을 것이다. 대부분은 그냥 "잠자리다!"라고 말을 할 텐데 이것도 틀린 말은 아니다. 혹시 누군가가 "아니야, 그건 그냥 잠자리가 아니라 어리장수잠자리야"라고 말한다면, "나는 잠자리목임을 말한 거야"라고 응수하면 된다. 인간은 영장목이다.

목 다음은 과. 꿀벌은 꿀벌과이고 말벌은 말벌과이다. 꿀벌과 말벌이 나뉘는 지점이 '과'이다. 꿀벌과에는 양봉꿀벌, 재래꿀벌, 호박벌 등이 있다. 앞에서 우리가 꿀벌이라고 부른 것은 엄밀히 말하면 양봉꿀벌과 재래꿀벌이다. 말벌과에는 말벌, 장수말벌, 땅벌, 쌍살벌 등이 있다. 다행히도(?) 종명種名으로 '말벌'이라는 것이 있지만, 위에서 말한 '육식을 위해 좌우로 벌어지는 강력한 턱을 가지고 꿀벌을 씹어 먹는 말벌'에는 말벌뿐 아니라 장수말벌, 땅벌, 털보말벌도 해당된다. 인간이 속해 있는 과는 사람과Hominidae이다. 여기에는 오랑우탄, 고릴라, 침팬지 등이 속한다. 우리가 꿀벌과에 속해 있는 양봉꿀벌과 재래꿀벌을 구분하지 못하는 정도로 다른 동물들도 인간과 오랑우탄을 구분하지 못할까? 아무리 생각해도 구분이 가능할 것 같다면, 같은 꿀벌과에 있는 양봉꿀벌과 호박벌 정도의 차이라고 생각해보자.

'속'에 이르면 보통사람들은 그 차이를 구분하기가 힘들다. 양봉꿀벌과 재래꿀벌은 꿀벌속에 속한다. 보통 사람들이 육안으로 이 둘의 차이를 파악하는 것은 거의 불가능하다. 덩치가 큰 호박벌은 같은 꿀벌과에 들어가지만 뒤영벌속에 속한다. 사람과 오랑우탄은 모두 사람과이지만 사람은 사람속, 오랑우탄은 오랑우탄속이니 위에서 말한 양봉꿀벌과 호박벌 정도의 차이로 본 것이 맞았던 것 같다. 인간은 사람속에 속하며 사람속에는 멸종한 호모 하빌리스, 네안데르탈인(호모 네안데르탈레시스) 등 인류의 진화를 배울 때 보았던 이름이 등장한다. 인간은 한때 네안데르탈인, 호모 플로레시엔시스 등과 함께 살았으나 지금은 호모속(사람속) 중 유일하게 살아남았다. 다행히도(?) 사람과에는 몇몇 동물이 남아 있다.

'속'은 '과'에 비해 더 가까운 사이라고 생각하면 되는데, 좀 더 과학적으로 말하면 '진화의 단계에서 같은 조상에서 서로 갈라진 지 얼마(얼마라는 말을 과학적이라 할 수 있나?) 안 됐다' 정도가 되겠다. 인간의 학명은 호모 사피엔스이다. 학명 중 앞부분이 속명이다. 그러니 호모 네안데르탈레시스와 호모 사피엔스는 같은 속에 속하는 매우 가까운 종이다. 다른 동식물들도 학명의 앞부분이 같다면 같은 속이니 매우 가까운 근친관계라고 보면 된다.

자, 마지막으로 한번 정리해보자. 양봉꿀벌은 동물계 절지동물문 곤충강 벌목 꿀벌과 꿀벌속에 속한다. 인간은 동물계 척삭동

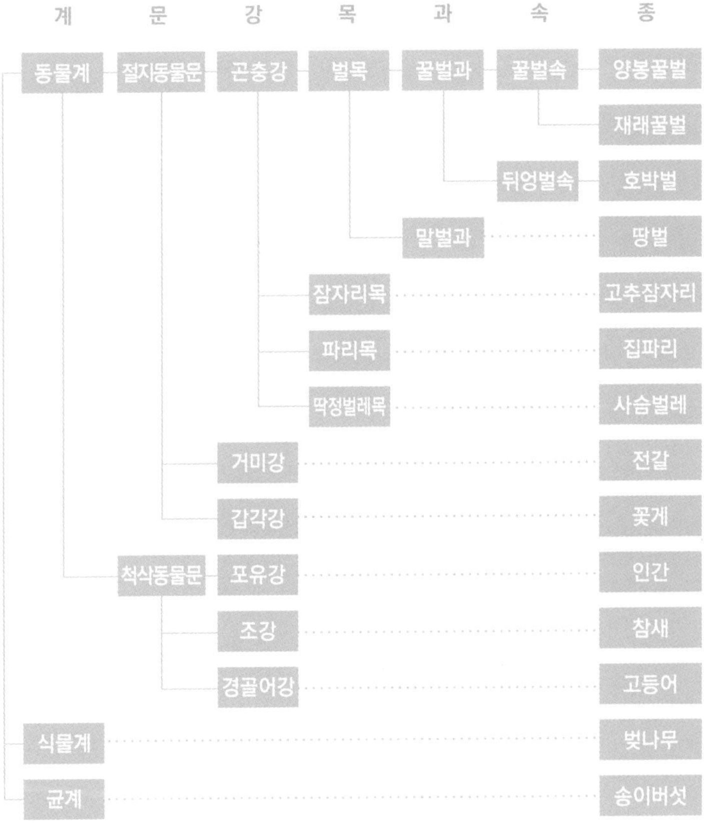

꿀벌을 중심으로 한 생물의 분류체계. 꿀벌과 다른 종들이 어느 단계에서 나눠지는지 확인해보자.

물문 포유강 영장목 사람과 사람속에 속한다.

수렴진화

생물의 분류체계에 대해 알았으니 다시 꽃등에와 꿀벌의 이야기로 돌아가보자. 앞에서 꽃등에와 꿀벌은 비슷하게 생겼지만 목이 다르다고 했다. 꽃등에는 파리목, 꿀벌은 벌목이다. 꽃등에가 아무리 꿀벌과 비슷하게 생겼다고 해도 유전적으로는 파리와 가깝다. 꿀벌과 말벌은 입의 모양이 다르지만 둘 다 벌목으로 꿀벌은 꽃등에보다는 말벌과 가까운 사이이다. 가까운 사이라는 것은 진화 단계에서 더 최근에 분화됐다는 것을 의미한다. 즉, 진화의 시계를 거꾸로 돌린다면 어느 순간 꿀벌과 말벌이 분화되는 순간을 만날 것이고, 거기서 더 시간을 거슬러 올라가야 꽃등에와 만나는 지점이 나온다는 의미이다. 물론 그 지점에서 만나기 위해서는 꽃등에도 시간을 거슬러 와야 한다. 외형상 더 비슷할 뿐 꿀벌은 꽃등에보다 말벌과 훨씬 가깝다.

그렇다면 꿀벌이 같은 벌목인 말벌의 씹는 입이 아닌, 나비목인 호랑나비의 빨대 같은 입을 갖고 있는 건 어떻게 설명할 수 있을까? 생물은 어떤 환경에서 어떤 방식으로 살아가느냐에 따라 진화한다. 따라서 두 종의 연관관계가 적더라도 비슷한 환경에서 비슷한 방식으로 살아간다면 비슷한 모양으로 진화할 수 있다. 이를 수렴진화라고 한다. 꿀벌과 나비는 모두 꽃 속 깊숙이 있는 꿀을 빨아 먹는 비슷한 환경에서 살고 있다. 그 환경이 비슷한 선택압으로 작용하고, 결과적으로 비슷한 모양의 입을 갖게 됐다.

말벌의 씹는 입.

꿀벌의 빠는 입.

대표적인 수렴진화의 예로 포유류인 돌고래와 경골어류인 고등어를 살펴볼 수 있다. 둘은 유전적으로 매우 다른 종이지만, 둘 다 지느러미 모양의 팔과 지느러미 모양의 진짜 지느러미를 갖고 있다. 유선형의 몸도 비슷하다. 이것은 이 둘 모두 물속을 가르며 살아간다는 측면에서 같은 환경에 노출되어 있고, 그 환경에서 살아남기 위해서는 지느러미 모양(그것이 진짜 지느러미든, 팔이든, 앞다리든)과 유선형이 더 유리함을 뜻한다. 겉모습만 보고 근연관계를 판단해서는 안 되는 이유가 여기에 있다.

아차, 여기까지 이야기하다 보니 이번 장의 주인공 중 하나인 벚나무를 빠뜨렸다. 벚나무는 식물계 속씨식물문 쌍떡잎식물강 장미목 장미과 벚나무속에 해당된다. (사실 우리가 보는 벚나무의 상당수는 벚나무가 아니라 왕벚나무이다. 왕벚나무도 벚나무속에 속한다. 벚나무와 왕벚나무를 잘 구분하지 못하는 것은 당연하다.)

4월 벚꽃을 보면서 긴 이야기를 했다. 하지만 아직 벚나무를 보고 할 말이 많다.

5

벚나무 잎에 꿀샘

개미를 이용하는 동식물

벚나무, 진달래, 개나리는 꽃이 먼저 핀 후 잎이 난다. 조팝나무, 철쭉, 국수나무는 잎이 먼저 나고 꽃이 핀다. 잎이 나기 전에 나무 전체에 흰 꽃을 일시에 피워 꿀벌을 부르는 벚나무는 뜻하지 않게 사람들도 불러들였다. 사람들은 그 벚나무 전체가 온통 하얗거나 분홍빛이 돌 때 벚꽃축제를 한다. 그러다가 축제가 끝날 무렵, 축제 장소를 찾은 누군가가 "이제 끝물이구먼"이라고 말할 때, 꽃 사이에 하나둘씩 잎이 나기 시작한다. 벚꽃 시즌이 끝나는 이유는 꽃이 지고 잎이 나기 때문이다. 이제 꽃이 역할을 다하고 잎이 주인공이 될 차례이다. 이때쯤 벚나무 옆에 있던 단풍나무와 느티나무의 잎사귀도 조금씩 피어난다. 커다랗고 끈적한 껍질이 단단히 덮고 있어 열리지 않을 것 같던 칠엽수의 커다란 겨울눈도, 그 크

칠엽수의 겨울눈, 피어나는 잎.

기에 어울리는 커다란 잎차례를 꺼내놓는다.

벚나무는 우리 주변에서 흔히 볼 수 있는 나무이다. 사람들이 벚꽃을 많이 선호하면서 도시에서 벚나무의 수가 점점 늘고 있다. 벚나무는 도시에 살고 있는 사람들이 이름을 알고 있는 몇 안 되는 나무 중 하나이다. 하지만 꽃이 지고 잎이 나면, 그 나무가 벚나무인지 느티나무인지 구별할 수 있는 사람은 별로 없다. 둘 다 넓게 퍼지는 수형으로 비슷하게 생겼고, 결정적으로 꽃이 진 벚나무는 사람들의 관심을 받지 못하기 때문이다.

꽃이 만발하는 시기는 나무의 삶의 절정처럼 보인다. 잎을 달고 살아가는 시기는 화려하지는 않지만 중요한 나무의 일상이다. 그 일상이 모여 나무의 삶이 완성된다. 봄이 오자마자 화려한 꽃을 피우기 위해서는 여름 내내 에너지를 모아놓아야 한다. 잎이 하는 일이다. 우리가 그토록 열광하며 찾아가던 벚나무를 꽃이 졌다고 해서 알아보지도 못하는 것은 너무하지 않은가? 다행히도 벚나무는 조금만 자세히 보면 다른 나무와 쉽게 구분할 수 있는 특징이 있다.

꽃이 없는 벚나무를 알아볼 수 있는 쉬운 방법은 벚나무의 수피(나무껍질)를 보는 것이다. 수피의 모양은 모두 같을 것 같지만, 나무에 따라 그 모양이 다르다. 수피는 수형, 잎, 꽃, 열매 등과 함께 나무를 구분하는 지표가 된다. 하지만 비슷한 모양의 수피를 가진 나무가 무수히 많기 때문에 수피만 보고 나무의 종류를 맞히는 것은 어렵다. 또 수피의 모양은 그 나무가 심어진 환경과 나이에 따라 조금씩 달라지기도 해서 교과서나 도감에 나오는 수피의 모양과 다른 나무도 많이 존재한다. 다행히도 벚나무의 수피는 다른 나무에 비해 독특해서 수피를 보고 벚나무임을 알아보는 것이 어느 정도 가능하다.

벚나무 수피에는 독특한 모양의 가로줄무늬가 있어 다른 나무와 쉽게 구분된다. 줄무늬를 가까이서 보면 작은 눈모양의 혹 같은 것이 점점이 박혀 있는 것을 볼 수 있다. 죠리퐁 모양 같기도 하고 아프리카 원주민들의 두툼한 입술 모양 같기도 하다. 많은 사람이 수피의 모양을 보고 벚나무를 구분할 수 있지만, 죠리퐁을 많이 안 먹어본 사람들은 수형이 비슷하고 수피에 가로줄무늬가 있기도 한 느티나무와 헛갈려 한다. 죠리퐁을 많이 안 먹어본 사람들을 위해서인지 벚나무는 다른 나무들과 확실히 구별되는 비장의 징표

1 2
3 4
5

우리가 잘 인식하지 못하지만 수피도 나무에 따라 다른 모습을 하고 있다. 1.모과나무 2.자작나무 3.목련 4.메타세콰이어 5.중국단풍.

를 갖고 있다. 그 징표는 잎자루에 있는 작은 혹이다. 이 혹 안에는 꿀이 들어 있어 꿀샘이라 불린다. 만약 도시에서 가로줄무늬 수피에 죠리퐁 모양이 있고, 잎자루에 꿀샘이 있는 나무를 봤다면 벚나무라 생각하면 100퍼센트 맞다. (여기서 단서는 '도시에서'이다. 도시에 사람들이 심는 나무는 종류가 한정되어 있기 때문이다. 그러니 몇 가지 특징으로 나무를 동정同定하는 것이 가능하다. 산속에 들어가면 너무도 다양한 나무가 다양한 모습으로 살아가고 있으니 몇 가지 부분적인 특징만으로 나무의 이름을 단정 짓기는 어렵다. 나도 동네에서는 잘난 척하지만 산속에 들어가면 얌전해진다.)

나무가 꿀을 만드는 이유는 곤충을(가끔은 새를) 먹이기 위함이다. 나무가 자선사업가가 아닌 이상, 곤충에게 공짜로 꿀을 줄 이유는 없다. 꿀을 먹으러 온 곤충의 온몸에 꽃가루를 묻혀 자신의 자손을 퍼트리려는 전략이다. 그러니 나무는 꿀을 꽃 깊숙한 곳에 넣어 꿀을 먹기 위해 꽃 속에 고개를 처박은 곤충의 몸에 꽃가루를 묻힌다. 그런데 왜 벚나무는 잎에 꿀을 만들었을까? 꽃이 핀 동안 꽃가루받이 하느라 수고한 곤충들에게 보너스라도 주려는 심산인가?

식물의 개미 고용하기

개미는 강력한 턱이라는 재래식 무기뿐 아니라 '개미산'이라는 화학무기도 갖고 있다. 또 수천, 수만 마리가 함께 공동전술을 펴는 다양한 진법도 구사한다. 개미는 한 마리 한 마리도 강력하지만, 하나의 개체처럼 유기적으로 움직이기 때문에 더욱 강력해진다. 그러니 다른 곤충들에게 개미는 위협적인 존재이다. 용병으로

벚나무의 자기 표식. 잎자루 꿀샘(왼쪽)과 죠리퐁 수피(오른쪽).

도대체 말벌에게 무슨 짓을 한 것인가? 너무 부려먹는 것 아닌가?

는 최고이다.

벚나무는 자신의 잎을 지키기 위해 개미를 용병으로 고용했다. 그 품삯은 꿀이고, 이를 잎자루의 꿀샘에 저장해놓았다. 꽃가루받이 하느라 수고한 곤충에게 주는 보너스는 아니었다. 개미는 꿀을 받아먹는 대신 벚나무를 지켜준다.

개미가 아무리 최고의 용병이라고 해도, 그 용병을 고용하기 위해 너무 많은 품삯을 지불해야 한다면 계약관계를 다시 고려해 보아야 한다. 주객이 전도되어 용병을 먹여 살리느라 자신이 축날 수도 있기 때문이다. 다행히도(고용주 입장에서 다행이라는 뜻이다) 벚나무는 개미용병에게 그리 많은 임금을 책정해놓지 않았다. 잎자루 꿀샘에 있는 꿀은 꽃에 있는 꿀에 비해 영양가가 떨어진다. 꽃꿀에는 당분뿐 아니라 다량의 단백질이 들어 있다. 하지만 꿀샘의 꿀에는 당분만 들어 있다. 꿀을 만드는 데 드는 절대적인 비용이 적더라도, 꿀을 만들어서 얻을 수 있는 이익이 그 비용보다 적다면 잎자루 꿀샘을 유지할 이유가 없다. 개미 박사로 유명한 최재천 교수의 『개미제국의 발견』이라는 책에 따르면 벚나무는 꿀샘 유지·관리 비용으로 전체 잎을 만드는 비용의 1퍼센트 정도를 사용한다고 한다. 그러니 개미용병이 침입자 곤충을 막아내 1퍼센트 이상의 벚나무 잎을 지켜준다면 벚나무 입장에서는 수지맞는 장사가 된다. 공진화라는 오랜 임금협상 과정을 거치면서 벚나무와 개미는 그 정도의 임금으로 합의를 본 셈이다. 만약 벚나무 잎을 먹는 곤충이 많아져서 개미의 근무 시간이 늘어나거나 노동 강도가 높아진다면 개미에게 지불되는 임금은 더 올라갈지도 모른다.

개미는 용병으로 고용되기도 하지만 운반자로 고용되기도 한다. 제비꽃은 씨앗에 엘라이오솜elaiosome이라는 물질을 붙여놓는다. 젤리처럼 생긴 이 물질에는 지방과 단백질이 풍부하게 들어 있다. 땅과 가까운 곳에서 꽃을 피우고 씨앗을 맺는 제비꽃은 개미에게 엘라이오솜을 임금으로 지불하고 자신의 씨앗을 멀리 옮기게 했다. 아스팔트와 콘크리트로 덮여 있는 도시에서 개미는 그 틈에 있는 흙을 찾아내 집을 짓는다. 흙을 찾아야 되는 건 제비꽃 씨앗도 마찬가지이다. 개미는 엘라이오솜이 붙어 있는 제비꽃 씨앗을 자신의 집으로 가져가 엘라이오솜을 떼어 먹고, 나머지 씨앗은 집 밖에 내다 버린다. 이 덕분에 제비꽃도 도시에서 귀한 흙을 찾아 씨앗을 퍼트릴 수 있다. 또 개미는 자신의 쓰레기장에 제비꽃 씨앗을 버려, 각종 음식물 쓰레기들이 제비꽃 씨앗의 발아를 도와준다. 잎을 지키는 용병을 고용하기 위해 벚나무는 소량의 당분만을 지불하는 데 비해 제비꽃은 씨앗을 퍼트리고 발아하기 위해 지방과 단백질 덩어리를 지불한다. 씨앗을 퍼트리는 일이 잎을 지키는 일보다 더 중요하기 때문일까? 아니면 개미가 땅과 가까운 구역의 씨앗 운송 시장을 독점하고 있기 때문일까?

곤충의 개미 고용하기

강력한 개미용병은 자기방어기제가 약한 곤충들에게도 매력적인 대상이다. 진딧물은 단물이라면 사족을 못 쓰는 개미에게 단물을 내어주며 개미를 용병으로 고용한다. 이는 진딧물에게 아주 수지맞는 장사인데, 개미에게 주는 단물은 어차피 버려야 할 것이기 때문이다. 앞 장에서 설명했듯이 진딧물은 식물의 수액을 빨아 먹고 산다. 그 수액을 통해 다양한 영양소를 흡수하려면 다량의 수액을 빨아 먹어야 하며 많은 물을 밖으로 내보내야 하는데, 그렇게 내보낸 물에 당분이 남게 된다. 게다가 그렇게 버려진 단물은 진딧물의 천적을 불러 모으기도 하니, 진딧물 입장에서는 손해날 것이 없다. 강력한 개미용병은 단물을 먹은 대가로 무당벌레 등 진딧물의 천적에게서 진딧물을 지켜준다.

일부 부전나비는 개미를 보모로 고용한다. 개미는 알에서 깨어난 부전나비 애벌레를 공손히 자신의 집으로 모시고 간다. 열심히 사냥해서 모아 온 먹이를 부전나비 애벌레가 먹기 좋게, 잘게 씹어 입에 넣어준다. 때로는 자신의 알까지도 먹이로 제공한다. 이러한 과잉 충성의 대가로 개미가 받는 것은 역시 단물이다. 부전나비 애벌레의 뒤꽁무니에는 두 개의 뿔 같은 것이 있다. 개미가 이곳을 건드리면 부전나비 애벌레는 개미에게 단물을 내어준다. 알까지 내주며 돌봐준 대가로 받아먹는 것이 고작 단물이라니. 노동착취의 현장이 틀림없다. 최근의 연구결과에 따르면 부전나비 애벌레가 개미에게 주는 단물은 단순한 단물이 아니라 개미의 호르몬에 영향을 주는 약물로 밝혀졌다. 이 약물을 먹은 개미는 자신이 받은 것과 비교도 할 수 없는 것을 바쳐가며 부전나비 애벌레에게 충성을 다한다. 그렇게 개미집 안에서 몸집을 불리고, 번데기가 되고, 나비가 되어 개미집 밖으로 나간다. 집 밖으로 나간 부전나비가 연애에 성공하면, 다시 개미가 지나다니는 길목에 알을 낳는다. 그렇게 부전나비 애벌레의 개미 노동착취는 대를 이어 계속된다.

개미 따라 하기

개미의 강력한 능력은 필요하지만 개미를 고용할 능력이 되지 않는 녀석들은 개미인 척하는 것을 선택했다. 곤충들은 몸의 색깔이나 모양을 생존에 유리하게 진화시켰다. 풀밭에 사는 사마귀는 녹색을 띠고, 흙에 사는 사마귀는 흙색을 띤다. 나뭇가지 모양의 대벌레나 나뭇잎과 구분이 안 가는 많은 나방은 색깔뿐 아니라 모양까지도 포식자의 눈에 띄지 않게 진화했다. 독을 품은 녀석들은 몸의 색을 화려하게 만들어 천적에게 경고를 보냈다.

곤충의 짧은 생애주기와 많은 후손을 낳는 습성은 진화에 유리한 조건이다. 자연선택의 대상이 포유류와 같은 대형동물과는 비교할 수 없을 정도로 많아지고, 이런 자연선택의 결과 몸의 모양이 생존에 유리하게 극적으로 바뀌기도 한다. 정말 말도 안 되게 나뭇잎과 똑같이 생기거나 자신이 살고 있는 돌멩이와 똑같은 색과 무늬를 갖는 곤충이 수두룩하다. 이런 곤충이 많이 살아남았다는 것은 그러한 방식이 생존에 유리하다는 뜻이다. 다른 곤충의 모양을 흉내 내는 것 역시 생존에 유리하기 때문이다. 우리는 앞서 이미 파리이면서도 꿀벌을 흉내 낸 꽃등에에 대한 이야기를 나눈 바 있다. (곤충이 모양을 흉내 냈다는 표현은 오해의 소지가 있다. 곤충이 의도적으로 살아남기 위해 그런 흉내를 낸 것이 아니다. 돌연변이와 유전, 자연선택이라는 과정을 통해 지금의 모양을 가진 곤충이 살아남은 것이다.) 스스로 독을 품거나 강력한 무기를 갖지 못하더라도, 독을 품거나 강력한 무기를 가진 곤충의 모습을 흉내 낼 수 있다면 그것도 생존에 유리하다. 이렇게 다른 생물이나 사물의 모습을 따라 진화한 것을 의태라고 하는데 가장 많은 곤충이 의태의 대상으로 삼은 곤충이 개미이다. 이렇게 많은 곤충이 개미를 의태 대상으로 삼는다는 것 자체가 개미가 강력하다는 증거이다.

개미의 강력함은 개미를 온 지구상에 널리 퍼져 살 수 있게 했고,
다른 곤충들이 두려워하는 존재로 만들었다.
하지만 그 강력함이 다른 동식물로 하여금 개미를 이용하게
했으니 참으로 아이러니하다. 물론 개미는 자신들이 다른
동식물을 이용한다고 생각할지도 모르겠지만.

6

보도블록 틈새에 자란 질경이

인간을 이용하는 동식물

강력한 개미는 그 개체 수도 매우 많다. 흙이 있는 곳이라면 아주 추운 곳을 제외하고는 어디서든 개미를 발견할 수 있다. 강력하면서 어디에나 존재하니 많은 동식물이 개미를 이용하거나 흉내 내며 살아가는 것은 어찌 보면 당연해 보인다. (세상에 당연한 것은 없지만.) 곤충의 세계에서 개미가 차지하는 지위를 포유류에서는 인간이 차지한 것 같다. 하지만 인간이 그런 위치에 오른 것은 매우 최근의 일이다. 수십만 년 전 인간이 동부 아프리카에만 모여 살 때, 인간은 그리 강력한 존재가 아니었고 맹수가 오면 도망가기 바빴다. 무리를 이루는 인간의 숫자는 지금 도시에 모여 사는 사람들은커녕 시골 마을 사람들의 수보다도 적었다. 다른 동물의 무리가 더 많은 경우가 허다했다. 이렇게 허약하고 수도 적으니 굳이

콕 찍어서 인간을 이용해야겠다고 마음먹은 동식물이 그리 많진 않았을 것이다. 하지만 지금은 상황에 많이 바뀌었다. 인간은 엄청난 악조건이 아니면 웬만한 땅에서는 다 살아간다. 최근에는 인간이 너무 많은 땅을 차지하는 바람에 몇몇 지역을 지정해 인간의 거주를 제한하기에 이르렀다. 그냥 널리 퍼져 살아가는 정도가 아니라 그 숫자도 어마어마하다. 개미에 비할 바는 아니지만, 현재 지구에 살아가는 대형 포유류 중 인간만큼 개체 수가 많은 동물은 없다. 힘도 다른 동물에 비해 막강하다. 부족한 근육량을 뇌 용량으로 만회했다. 온갖 기계를 만들어내 다른 동식물들을 잡아들이고 그들의 땅을 차지했다. 많은 동식물에게 인간은 두려운 대상이다. 이렇게 지구 전역을 휩쓸고 다니며 살아가는 강력한 종이 나타났으니, 그 종을 이용해 생명을 유지하고 자손을 번식시키려는 생물이 등장하는 것은 자연스러워 보인다.

벚나무가 잎자루에 넣어둔 소량의 꿀을 이용해 개미를 용병으로 고용한 것은 귀여워 보일 정도로, 벼는 동아시아에 살고 있는 인간을 수족으로 부리고 있다. 가을에 이삭을 주는 조건으로 인간을 고용한 벼는, 인간으로 하여금 어린 싹을 고이 모셔 키우게 하고, 목마르지 않게 물을 가둬놓게 하고, 곤충으로부터 자신을 지키게 하고, 다른 경쟁자 풀을 제거하게 하고, 홍수가 와서 넘어지면 일으키게 했다. 그 결과 벼는 모든 벼과 식물 중 가장 넓은 지역을 차지하며 살아가고 있다. 최근엔 그 영역을 캘리포니아까지 확대했다. 물론 인간은 자신이 벼를 이용한다고 생각하겠지만.

새끼 벼를 정성껏 키워 자라기 좋은 환경에 옮겨주는 인간.

밟아야 사는 질경이

4월 말, 쑥이 점점 질겨져 수렵·채집 시대의 할머니들에게 외면받기 시작할 무렵, 인간을 이용하는 풀이 존재감을 드러낸다. 질경이는 그 이름과 어울리지 않는 부드러운 싹을 동네 곳곳에 피워 올린다. 주로 잔디밭이나 화단에서 자라는 쑥과 달리(물론 쑥은 들판에서도 잘 자란다. 도시에서 그렇다는 거다), 이 풀은 보도블록 사이사이의 흙을 기반으로 살아간다. 매번 밟고 지나가는 자리에 자라난 풀이니 먹을 수 있는 풀이라고는 사람들이 잘 생각하지 못한다. 다른 때는 먹기가 힘들지만 4월 말부터 한 달 정도는 괜찮다. 이제 막 나온 잎은 그리 질기지 않다. 하지만 이 시기를 놓치면 이 풀은 이름값을 톡톡히 할 것이다(질경이라는 이름에는 잎이 질겨서 그렇게 불렸다는 설과 길에서 자라 '길경이'라고 불리던 것이 변형된 것이라는 설이 있다).

움직임이 없어 보이는 식물들도 서로 생존 경쟁을 한다. 하늘의 햇빛을 차지하기 위해, 땅속의 물과 영양분을 흡수하기 위해 옆에 있는 다른 식물과의 경쟁은 필수적이다. 질경이 역시 다른 풀들과 경쟁해서 살아남아야 한다. 별다른 무기가 없는 질경이는 인간을 고용했다. 인간은 길을 지나다니며 많은 풀을 밟는다. 대부분의 풀은 인간의 무게를 견디지 못하고 쓰러진다. 더 이상 길에서 살 수 없게 된 풀들은 점점 길옆으로, 사람이 잘 걸어 다니지 않는 곳으로 이동한다. 도시의 길은 주인 없는 맨땅이 되었다. 그렇게 인간이 다른 풀들을 제거해주니 질경이는 길에서 다른 풀들과 별다른 경쟁을 하지 않고 살아갈 수 있다. 질경이는 다른 식물을 제거하기 위해 인간을 용병으로 고용했지만, 그 대가를 지불하지는 않았다(몇몇 인간이 4월 말 질경이 잎을 따 먹기는 했지만 그리 자주 있는 일은 아니다). 일종의 무임승차이다. 인간 역시 자신이 고용되었다는 사실을 모른다. 인간은 그냥 자기 갈 길을 지나갈 뿐이다.

아무리 무임승차라 해도 요령이 필요한 법이다. 눈치 없이 자기 고집을 피우면서 이득만 취하면 금세 탄로가 나기 마련이다. 질경이는 몸을 바싹 낮춰 인간에게 밉보이지 않았다. 긴 줄기를 만들지 않고 잎을 땅에 붙였다. 줄기가 밟혀 꺾일 염려가 줄어들었다. 질경이는 잘 휘어지는 부드러운 잎을 갖고 있다. 강한 잎은 부러지기 쉽다. 부드럽기만 해도 잘 망가지고 만다. 질경이의 잎 속에는 다섯 개의 강한 실 줄기가 존재한다. 그러니 사람의 발에 밟힐 때 한껏 몸을 낮추더라도 쉽게 부러지지 않고 살아남았다. 한 걸음 더 나아가 질경이는 인간의 신발을 씨앗 운송수단으로 사용한다.

젤리와 같은 씨앗을 인간의 신발에 착 붙인다. 인간이 항상 다니는 길에서 꽃도 피우고 씨앗도 맺으니 인간의 신발을 이용해 씨앗을 운반하는 것은 아주 탁월한 선택이다.

인간이 밟고 지나가는 곳에서 질경이가 살아간다고 해서 질경이가 사람들이 밟고 다니는 척박한 환경을 좋아하는 것은 아니다. 질경이 역시 밟히지 않는 것을 더 좋아할 수 있다. 단지 밟히지 않는 환경은 다른 풀들도 좋아하며, 그 풀들과 경쟁해서 살아남기 어려울 뿐이다. 척박한 환경에서 살아가는 식물들 중 상당수는 질경이와 비슷한 속성을 갖는다. 그들도 비옥한 땅에서 살아가는 것을 좋아하지만, 비옥한 땅은 대부분의 식물이 좋아하니 그들과의 경쟁에서 살아남지 못하는 것이다. 척박한 땅에서 살아간다고 해서 그런 환경을 특별히 좋아한다고 오해하진 말자. (그렇다고 사람들이 질경이를 위해 그들이 사는 곳을 밟지 않는다면, 얼마 되지 않아 다른 풀이 질경이의 자리를 차지할지도 모른다.)

곡식과 가축

벼뿐만 아니라 밀과 보리를 비롯한 수많은 잡곡, 사과나 배 같은 과일, 고추나 가지 같은 채소처럼 인간을 이용해 생존하며 자손을 퍼트리는 식물은 많다. 일단 인간의 입맛을 사로잡는 데 성공하면 그 식물은 앞날을 걱정할 필요가 없다. 인간은 온 정성을 다해 해당 작물을 키워줄 것이다. 추위에서 지켜주는 집을 지어주기도 하고(집을 가진 식물은 인간이 키우는 식물밖에 없다), 여러 기술을 이용해 씨앗이 없어도 후손을 남길 수 있게 하며(이미 씨앗을 만들었겠

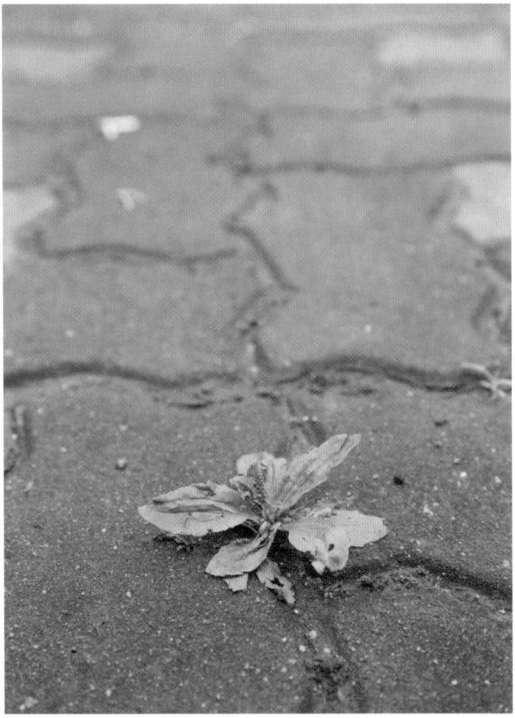

질경이는 사람들이 다른 풀들을 제거해주니 별 경쟁 없이 살아갈 수 있다.

지만), 때로는 꿀벌이 하는 일을 덩치 큰 인간이 꼼꼼하게 해주기도 한다. 그럴 땐 그 인간들에게 꿀을 줄 필요도 없다(뭐, 이미 꿀을 만들었겠지만). 인간이 전 지구에 자신의 유전자를 퍼트리는 데 성공하면서 인간을 이용한 식물들도 인간과 함께 전 지구에 자신의 유전자를 퍼트리는 데 성공했다. 인간이 키우는 식물들은 성공적으로 인간을 이용했고 속으로 쾌재를 부르고 있을지도 모른다. 하지만 시선을 식물에서 동물로 옮기면 이렇게 말하기가 쉽지 않다.

생존과 번식을 위해 진화하며, 자신의 유전자를 널리 퍼트리는 것을 지상 과제로 삼고 있는 생물의 입장에서 인간의 가축은 꽤 나 성공한 셈이다. 소, 돼지, 닭 등 인간이 키우는 가축은 인간이 번성하면서 함께 개체 수가 늘어났다. 하지만 개개의 소나 돼지, 닭의 입장에서도 인간이 알아서 먹여주고 자손을 계속 퍼트려주니 벼나 밀처럼 인간을 이용한다고 말할 수 있을까? 좁은 우리에 갇혀 매일 알을 낳거나, 빠르게 성장한 이후 인간에게 고기를 제공하는 닭은 현재 지구상에 190억 마리 정도가 살고 있다. 이를 닭의 입장에서 성공이라 말할 수 있을까? 생각과 감정이 있는 동물 입장에서는 단지 이들을 키워주고 유전자를 퍼트려준다고 해서 좋은 일이라 말하기 어렵다. 종의 차원에서는 해당 종을 널리 퍼트렸으니 성공이라고 말할 수도 있겠지만, 그 개체들은 너무도 힘들게 생활하고 있다. 우리가 먹기 위해서 키우는 동물들과 어떤 관계를 맺고, 어떻게 함께 살아가야 하는가는 한 번쯤 생각해볼 만한 문제이다. 최근 들어 우리나라에서도 동물복지에 대한 관심이 높아지고 있다. 먹기 위해 키우는 동물이라도, 도축하기 전까지는 좀 자유롭게 살게 하자는 게 그 중심 취지이다. 뜻은 좋지만 이런 일들을 현실화하려면 많은 사람의 노력이 필요하다. 이런 일에는 보통 비용이 더 들기 마련이다. 특히나 우리나라처럼 땅이 좁은 나라에서는 좁은 우리에 많은 동물을 가두어 키우는 것이 좀 더 자유롭게 풀어놓고 키우는 것에 비해 비용이 훨씬 적게 든다. 동물복지를 향상하기 위해서는 조금이라도 더 행복하게 자란 가축에 그만큼의 비용을 지불할 수 있는 소비자가 다수 존재해야 한다. 하지만 아직까지 우리나라에서는 그런 소비자의 수가 적다.

동물복지를 추구하는 사람들은 비용 문제를 해결하기 위해 협동조합을 만들어서 같은 뜻을 갖고 있는 생산자와 소비자를 연결하기도 한다. 소비자는 비용을 조금 더 지불하더라도 동물복지에 신경 쓴 농장의 고기를 사 먹고, 생산자는 유통과 판매에 대한 걱정을 덜면서 동물복지를 실현할 수 있다. 이런 움직임이 있긴 하지만 아직 갈 길이 멀다. 당신은 행복한 소를 위해 소고기 값을 얼마나 더 낼 용의가 있는가?

곡식 따라 하기

벼가 인간의 보살핌을 받으며 살아가는 것은 다른 식물들에게는 재앙이다. 같은 장소를 두고 벼와 경쟁이 되지 않기 때문이다. 인간은 논에 벼 이외의 풀이 자라면 가차 없이 뽑아버린다. 그것을 감내하며 살아남기는 매우 어렵다. 하지만 논에서 벼인 척 살아간다면 이야기는 달라진다. 그 벼인 척하는 녀석은 인간의 보살핌을 받는다. 들키지만 않으면.

피는 벼와 아주 비슷한 모양을 하고 있어서 웬만한 프로 농사꾼이 아니면 구분하기 어렵다. 농부들의 만류에도 굳이 도와주겠다고 논에 들어갔다가 애먼 벼만 잔뜩 뽑고 나온 도시놈들에 대한 이야기는, 근근이 이어지는 농활에서 단골로 등장하는 소재이다. 피는 논에서 벼와 키를 맞춰 자라난다. 인간은 벼를 보살핀다고 생각하지만, 결과적으로 피도 보살피게 된다. 벼가 가져갈 수 있는 영양분을 피가 빼앗아가기 때문에 벼와 피는 서로 경쟁관계에 있는 것 같지만, 같은 공간에서 인간의 보살핌을 받으며 살아간다는 공통점 때문에 일종의 운명공동체가 되기도 한다.

사람의 수가 점점 늘어나고 도시의 규모도 점점 커지면서, 예전에 논이었던 곳이 도시가 되기도 한다. 도시의 아파트 가격이 치솟으면서 도심 가까운 곳에서 집을 구하기 어려워진 사람들이 도시 외곽으로 나와 살기도 한다. 그중 많은 곳은 예전에 논이었다. 밥을 많이 먹던 사람들이 점점 빵이나 고기를 많이 먹게 되면서 쌀에 대한 수요가 줄어들기도 한다. 그렇게 논이 사라지기도 한다. 벼와 피는 부동산 경기나 사람들의 식성에 영향을 받아 개체 수가 점점 줄어들고 있다. 벼와 피의 전성시대는 지나가고 있다.

벼 틈에서 벼인 척 살아가는 피는 이삭을 맺을 때가 되어서야 고개를 쳐든다.

7

자동차에 쌓인 송홧가루

생물의 출산 전략

인간이 먹기 위해 벼를 심었으니 누가 봐도 인간이 벼를 이용한 것 같은데도 벼가 인간을 이용했다고 말할 수 있는 것은, 그만큼 유전자를 퍼트리는 것이 중요하기 때문이다. 후손을 남기는 것은 생명의 목적처럼 보인다. 많은 곤충이 짝짓기를 하자마자 죽거나, 알을 낳자마자 죽거나, 새끼가 알에서 깨어날 때까지 돌보다 죽거나, 새끼가 알에서 깨어나 자신의 몸을 먹을 때까지 살아 있다가 죽는다. 1년생 풀을 매년 볼 수 있는 이유는 그들이 매년 자손을 남기고 죽기 때문이다. 우리에게 화려한 4월을 선사했던 벚나무도 짝짓기를 하기 위해 꽃을 피운 것이다.

벚꽃이 다 진 5월 초, 도시는 초록으로 물든다. 벚나무뿐만 아니라 거의 모든 나무의 잎이 다 나온다. 가로수도 초록이고, 공원도 초록이다. 아파트 정원도 초록이고, 아파트 옥외 주차장에 있는 자동차도 초록이다. 소나무가 사방으로 초록의 꽃가루를 뿌려대기 때문이다. 소나무의 짝짓기 철이 왔다.

소나무의 정액 뿌리기

송홧가루, 말 그대로 소나무의 꽃가루이다. 꽃가루는 식물의 정액이다. 소나무는 5월이 되면 정액을 뿌려댄다. 정액이 암꽃에 닿으면 수정이 된다. 그렇게 솔방울이 만들어지고, 솔방울이 익어 틈새가 벌어지면 그 안에 있던 씨앗이 바람을 타고 날아간다. 사실 소나무가 씨앗을 만드는 과정은 우리가 알고 있는 보통의 속씨 식물들의 과정과 조금 다르다. 소나무의 꽃가루 안에는 정자로 발달할 수 있는 세포가 들어 있다. 이 꽃가루가 날려 암꽃에 닿아 꽃가루받이가 일어나면 암꽃의 밑씨에서 감수분열이 일어나 일종의 난자가 만들어진다. 이와 동시에 꽃가루 내에서 정자가 만들어진다. 이렇게 꽃가루받이 후 난자와 정자가 만들어지기까지 몇 달이 걸린다. 즉, 꽃가루받이가 됐다고 바로 수정이 되는 것이 아니다. 소나무의 난자와 정자가 만들어지면, 꽃가루에서 작은 관이 자라나 정자가 관을 타고 난자를 향해 간다. 이후 수정이 되고 씨가 만들어진다. 꽃가루받이에서 수정까지 1년 이상의 시간이 걸리는데, 이 때문에 일반적으로 소나무과 식물들은 꽃가루받이가 끝나고 2년 후에 솔방울에서 씨가 떨어진다. 그런데 왜 소나무는 이렇게 꽃가루를 많이 뿌리는 걸까? 우리는 "벚나무 꽃가루가 날려 자동차 보닛을 뒤덮었다"라는 말을 들어본 적이 없다.

왼쪽 위부터 시계방향으로, 꽃가루를 날리고 있는 소나무의 수꽃, 암꽃, 소나무 씨앗. 솔방울 사이에 혀처럼 내밀고 있는 것이 씨앗이다.

소나무의 정액은 도시의 자동차를 뒤덮고 호수에 띠를 만들기도 한다. 모두 버려지는 정액이다. 이 정도는 버려야 몇 개가 암꽃까지 날아간다.

소나무와 벚나무는 꽃가루받이의 매개가 다르다. 벚나무는 곤충을 이용하고, 소나무는 바람을 이용한다. 곤충을 이용할 때와 바람을 이용할 때의 큰 차이는 꽃가루받이의 성공확률이다. 곤충은 몸에 꽃가루를 묻혀 직접 다른 꽃으로 배달해준다. 그러니 수정될 확률이 높다. 하지만 바람을 이용할 때는 상황이 달라진다. 한없이 넓은 허공에 꽃가루를 날려 다른 나무의 암꽃에 꽃가루를 정확히 배달하기는 쉽지 않다. 낮은 성공확률에 대처하는 방법으로 소나무는 꽃가루를 많이 만드는 것을 택했다. 성공확률은 낮지만 양을 늘려 경우의 수를 늘린다. 그러면 결과는 비슷해진다.

벚나무는 양을 늘리기보다는 확률을 높이는 쪽을 택했다. 그래서 소나무처럼 많은 양의 꽃가루를 만들어내지 않는다. 대신 벚나무는 예쁜 모양의 꽃을 만들어 꿀을 넣어둔다. 비용이 많이 드는 일이다. 벚나무는 흰 꽃이라 덜하지만, 붉은색이나 보라색 꽃을 피우는 식물의 경우 색소도 만들어야 한다. 이런 일들은 해당 개체의 생존과는 관계가 없다. 꽃을 피우지 않아도 그 나무가 살아가는 데는 아무 지장이 없다. 하지만 벚나무는 많은 비용을 들여 꽃을 만든다. 그 꽃을 만들기 위해 벚나무는 옆 나무보다 키가 더 클 수 있는 것을 포기했을지도 모른다. 새끼 키우는 데 비용이 많이 드는 건 벚나무나 사람이나 비슷하다. 등골이 휘어진 벚나무는 오래 살지 못한다. 1,000년 된 은행나무나 소나무는 들어봤어도 1,000년 된 벚나무가 있다는 말은 못 들어봤다. 일반적으로 화려한 꽃을 피우는 나무는 수명이 짧다.

열심히 일하는 꿀벌. 이 정도 일꾼을 부리면 짝짓기에 성공할 확률이 높아진다. 엄청난 양의 꽃가루를 몸에 묻힌 것 같지만 호수 위 송홧가루의 양과 비교해보라.

많이 낳고 많이 죽는 날파리

많은 동식물이 번식을 위해 이 두 가지 방법 중 하나를 쓴다. 많이 낳거나, 생존확률을 높이거나. 날씨가 따뜻해지면서 부엌에 초파리가 날아다니기 시작한다. 겨울에는 신경 쓰지 않아도 됐는데, 어느 순간부터 음식이나 음식물 쓰레기를 며칠 동안 실내에 놓아두면 조그만 파리가 날아다닌다. 몇 달 동안 보이지 않던 녀석들이라 방심했다. 이제 신경을 써야 할 때이다. 언제 생겼는지 알기 어려운 초파리는 며칠만 지나면 엄청난 숫자로 늘어난다. 하나 둘 보일 때마다 손으로 때려잡곤 했는데, 이제 그 수준을 넘어섰다. 초파리의 생존 근거지로 의심되는 물질을 밖에 내놓고 파리약을 뿌려댄다. 대부분의 초파리가 죽는다. 이렇게 파리약을 뿌려대니 초파리의 생존확률은 낮다. 그러니 초파리는 알을 많이 낳는다.

요즘 화장실은 수세식이라 보기 어렵지만, 예전 시골 화장실에 가면 여기저기서 꿈틀대는 구더기를 쉽게 볼 수 있었다. 구더기는 한두 마리 있는 것이 아니라 수십, 수백 마리씩 꿈틀대고는 했다. (으… 글만 썼는데도 인상이 찌푸려진다.) 구더기는 파리의 새끼이다. 집파리는 한 마리의 암컷이 한 번에 100~150개의 알을 4회에 걸쳐 낳고 대부분 하루 안에 부화한다. (이럴 수가! 어쩐지!) 집파리는 일주일 정도면 번데기가 되고, 곧 성충이 된다. 그러면 또 알을 낳는다. 이 어마어마한 번식력을 보면 세상은 온통 파리로 뒤덮일 것 같다. 하지만 현실은 그렇지 않다. 그만큼 많이 죽는다는 말이다. 파리는 새끼의 생존확률을 높이기보다는 많이 낳아 그중 일부를 살리는 것을 선택했다. (다시 한 번 말하지만 실제로 파리가 선택한 것은 아니다. 그런 애들이 살아남은 것이다. 선택은 자연이 한다.)

소수정예 도토리거위벌레

모든 곤충이 이렇게 많은 알을 낳을 것 같지만 그렇지 않은 곤충도 많이 있다. 8월~10월경 도시 근처의 산에 올라가면 아직 익지도 않은 도토리(참나무류의 열매)가 여기저기에 떨어져 있는 것을 볼 수 있다. 특이하게도 이런 도토리들은 나뭇잎을 세 개 정도 매달고 있다. 그 도토리를 주워 자세히 보면 작은 구멍이 하나 있는데, 바로 도토리거위벌레가 알을 낳은 흔적이다.

참나무 잎을 먹고 살던 도토리거위벌레의 성충은 여름에 참나무 열매가 열리면 구멍을 뚫어 그곳에 알을 낳는다. 구멍을 뚫을

도토리거위벌레가 알을 낳고 떨어뜨린 도토리.

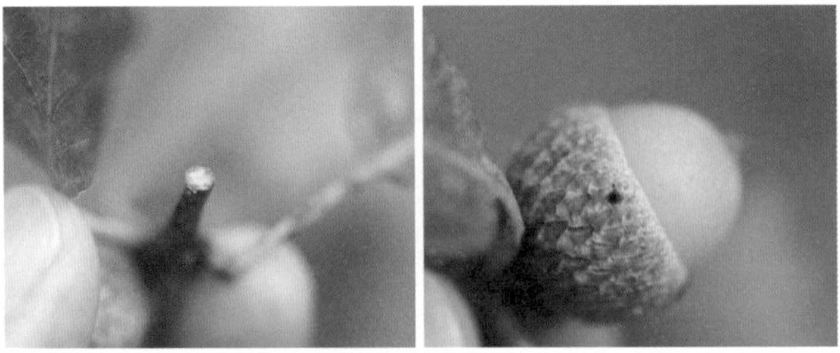

절단면이 칼로 자른 듯 반듯하다.

때 생긴 찌꺼기로 구멍을 막는다. 그리고 나뭇잎 세 개를 매단 상태로 가지를 잘라 땅으로 떨어뜨린다.

도토리거위벌레가 이런 번거로운 작업을 하는 데는 다 이유가 있다. 우선 도토리라는 영양가 높은 환경에 알을 낳는 것은 알에서 깨어난 애벌레가 그것을 먹고 자라기 때문이다. 알을 낳은 후 나무에 매단 채 그냥 두지 않고 잘라 떨어뜨리는 것은 도토리를 다 먹은 애벌레가 도토리 밖으로 나와 땅속에서 겨울을 나기 때문이다. 작은 애벌레가 키 큰 참나무를 기어 내려오면 힘도 들 뿐 아니라 내려오다가 천적을 만날 수도 있다. 어미 도토리거위벌레는 새끼의 노력과 위험을 줄이기 위해 나뭇가지를 자른다. 도토리만 떨어뜨리면 새끼가 혹여 뇌진탕이라도 당할까 걱정을 했는지, 나뭇잎 세 개를 낙하산처럼 매달아 떨어뜨린다. 이 모든 과정은 굉장히 수고로운 일이다. 이 수고로운 과정은 새끼의 생존확률을 높인다. 새끼의 생존확률을 높이기 위해 많은 비용이 들어갔다. 사교육비가 많이 드는 21세기 대한민국의 부모처럼, 도토리거위벌레는 도토리 하나에 하나의 알만 낳는다.

사람들도 이 두 가지 전략 중 하나를 택하는 것 같다. 많이 낳거나 조금 낳아 생존확률을 높이거나. 현대인에게 생존이라는 것은 단순히 목숨을 부지하는 것과는 다른 의미일 것이다. 생존에 많은 비용이 들어가는 시대에 조금 낳는 것은 자연계에 내재되어 있는 법칙일지도 모르겠다.

8

잘라진 가로수

나무의 관다발

현대의 인간이 적은 수의 새끼만 낳고도 개체 수를 계속해서 늘려나갈 수 있는 이유는 그만큼 생존확률을 높였기 때문이다. (물론 한 마리만 낳아서는 개체 수를 늘려갈 수 없다.) 그 생존확률을 높이는 데에 도시의 발명이 큰 역할을 했다. 도시는 인간의 공간이다. 200만 년 동안 생태계의 중간포식자 정도의 지위를 차지하던 인간은 맹수의 공격을 두려워한다. 자연은 인간의 생존에 위협이 되는 요소로 가득 찬 곳이다. 인간은 인간에 의해 통제되는 공간을 원했고, 자연을 배제했다. 도시가 만들어졌다.

하지만 인간이 자연을 완전히 벗어나서 살 수는 없었다. 자연은 인간의 생존에 위협이 되는 요소로 가득 찬 곳이기도 하지만, 인간 삶의 근거지이기도 했다. 산업혁명 이후, 도시가 점점 커지고 인공의 요소가 점점 늘어나면서 반대로 자연에 대한 요구도 늘어났고 공원과 가로수가 생겼다. 공원과 가로수는 근대도시의 상징이 되었다. 20세기 후반에 들어서면서 생존의 문제가 대부분 해결되자 사람들은 점점 자연을 도시에 포함시키고 싶어 했다. 한국의 대형 건설사들은 이런 사람들의 마음을 간파했다. 대형 건설사들은 아파트에 브랜드를 붙이면서 광고를 하기 시작했다. 그 광고에는 자연을 아파트단지 안으로 끌어왔다는 문구가 새겨졌다. '인간미, 자연미, 도시미, 현대미, 이 네 가지의 아름다움이 있는 아파트', '자연과 함께하는 편안한 세상', '차별화된 과학적 단지 설계와 자연을 디자인한 조경철학의 환상적 하모니', '인간중심의 아파트 철학과 환경친화적 자연주의 미학의 결합', '자연과 함께하는 아파트', '자연주의적, 미래비전적인 신비주의 느낌', '사람과 자연, 사람과 사람, 사람과 첨단생활이 어울려 사는 아름다운 커뮤니티' … 아파트 건설사들은 자사 브랜드를 만들면서 다른 브랜드와 차별화해야 했지만, 자연이라는 말만은 포기할 수 없었다. 그것은 사람들의 욕구였기 때문이다. 하지만 이때의 자연 역시 인간에 의해 통제된 자연이었다. 인간에 의해 통제되지 않는 자연은 도시에서 박멸의 대상이 되었다. 아무리 야생동물을 보호해야 한다고 목소리를 높이는 사람도 멧돼지가 도시에 들어오는 것을 원하지는 않았다. 생태적인 삶을 살아야 한다고 말하는 사람도 살인 진드기로 알려진 작은소참진드기가 아파트 정원에 돌아다니는 걸 원하지는 않을 것이다. 도시에서 자연을 느끼기 위해 나무 한 그루라도 더 있길 바랐어도, 그 나뭇가지가 도로표지판을 가리는 것까지

원한 건 아니었다. 그런 나뭇가지는 가차 없이 잘렸다. 그래도 나무는 죽지 않고 잘 자랐다.

네모난 가로수

얼마 전 서울 대학로의 플라타너스(우리말 이름은 양버즘이다) 가로수가 네모 모양으로 잘렸다. 네모난 가로수를 처음 본 사람들에게 그 모습은 좀 충격적이었던 것 같다. 많은 사람의 입에 그 가로수의 모양이 오르내렸다. 의견은 크게 둘로 나뉘었다. 하나는 '자연스럽지 않다'였고, 다른 하나는 '특이해서 좋다'였다. 초반엔 '자연스럽지 않다'라는 의견이 훨씬 많았다. 하지만 '파리의 샹젤리제 거리 가로수도 네모나게 자른다'라는 것이 알려지자 '특이해서 좋다' 쪽의 의견이 조금 늘어났다.

네모난 플라타너스를 보면서 '자연스럽지 않다'라고 생각하는 사람들도 네모난 회양목을 보고서 '자연스럽지 않다'라고 생각하지는 않을 것이다. 회양목은 쥐똥나무, 화살나무 등과 함께 울타리로 많이 쓰이는 나무이다. 살아 있는 나무 울타리가 된 도시 속 회양목은 대부분 네모 모양을 하고 있다. 아마 잘리지 않은 회양목을 본 사람은 거의 없을 것이다. 이미 너무 익숙해져서 회양목은 원래 바닥에 붙은 네모 모양으로 생각될 정도이다. 잘리지 않은 회양목에는 튼튼한 줄기가 자란다. 플라타너스처럼 높게 자라지는 않지만 우리가 길거리에서 보는 것처럼 바닥에 붙어 있는 모습은 아니다. 천연기념물 459호로 지정된 효종대왕릉 회양목의 크기는 4미터 남짓이다.

네모 모양으로 잘린 대학로의 플라타너스 가로수.

우리가 흔히 보는 회양목은 잘린 모습이다. 자르지 않으면 회양목도 높이 자란다.

네모난 플라타너스가 자연스럽지 않게 느껴지는 것은 그런 플라타너스를 본 일이 거의 없기 때문일지도 모른다. 어차피 도시의 자연은 인간에 의해 통제된다. 많은 나무가 잘려나간다. 회양목은 네모난 모양으로, 향나무는 둥그런 모양으로, 주목은 삼각형 모양으로, 플라타너스는 기둥만 덩그러니 남긴 채. 그래도 나무는 잘 자란다.

잘려도 잘 산다

그렇다고 가지를 마구 잘라내면 나무도 스트레스를 받을 수 있다. 우리나라 사람들이 자신의 미적 취향을 만족시키기 위해 주로 자르는 나무 가운데 반송이 있다. 반송은 소나무 품종 가운데 하나인데 하나의 줄기에 가지가 달리는 다른 소나무와는 달리 땅에서부터 여러 줄기로 갈라져 자라는 것이 특징이다. 수형이 둥글어 조금만 다듬으면 더 멋진 모양이 될 것이라고 생각하게 만드나 보다. 많은 공원에서 반송을 둥근 모양으로 자른다. 잘린 가지 끝에 송진이 나온 것을 쉽게 관찰할 수 있다. 송진은 나무가 상처를 입었을 때 이를 치유하기 위해 분비하는 물질이다. 동물에게 상처가 났을 때 혈소판이 피를 멎게 하는 것과 비슷하다고 보면 된다. 이런 물질들을 만들어내는 것도 에너지가 필요한 일이다. 또 기껏 가지나 잎을 만들어놨는데 인간이 계속 잘라낸다면 거기에서 오는 스트레스도 있을 것이다. 그러니 지나친 전정은 나무에 좋지 않을 수도 있다. 하지만 한편으로는 나무라는 것이 원래 그리 잘리도록 운명 지어진 것이 아닌가 하는 생각도 든다.

나무가 잘려도 잘 자라도록 진화한 이유가 인간의 취향을 위한 것은 아니었을 것이다. 식물과 동물의 차이점 중 하나는 식물은 한 번 자리 잡은 곳에서 다른 곳으로 이동할 수 없다는 점이다. 저 멀리 천적이 다가오는 것이 보인다 하더라도 스스로 뿌리를 뽑아 들고 도망칠 식물은 없다. 그러니 식물은 뿌리를 뽑고 도망칠 수 없다는 것을 받아들이고 방어기제를 발달시켰다. 가시와 같은 무기를 만들고, 다양한 화학물질을 만들어 스스로를 방어한다. 하지만 이런 방어기제가 있다고 해서 모든 천적을 막아낼 수는 없다. 초식동물은 가만히 서 있는 풀이나 나무를 뜯어 먹는다. 어느 녀석은 잎을, 어느 녀석은 줄기를, 꽃을, 뿌리를, 여기저기 뜯어 먹는다. 이런 위험은 식물에게 피할 수 없는 일이다. 살아남으려면 잎 몇 개 뜯어 먹히고, 가지 몇 개 부러졌다고 죽어서는 곤란하다. 그러니 잎 몇 개 뜯어 먹혀도 살아남은 녀석들이 지금까지 이어졌다.

줄기를 빙 둘러 상처 내면 죽는다

나무줄기는 크게 두 가지 역할을 한다. 하나는 단단한 지지대의 역할이다. 줄기의 단단한 지지를 바탕으로 나무는 위로 높이 자란다. 태양에너지를 서로 받으려 경쟁하는 나무에게 단단한 줄기는 매우 중요하다. 또 하나는 통로로서의 역할이다. 뿌리와 잎을 연결해주어 그 두 곳에서 빨아들이거나 만들어낸 물질을 서로 보낼 수 있게 한다. 뿌리는 땅속에서 물과 무기물질을 빨아들여 줄기를 통해 잎과 꽃으로 보낸다. 잎은 광합성을 통해 만들어낸 영양분을 뿌리로 내려 보낸다. 잎이 영양분을 만들지 못할 때는 뿌리에 저장된

나무의 주된 생활공간인 숲은 햇빛 경쟁이 치열한 곳이다. 하늘을 차지하지 못하면 사용할 수 있는 햇빛의 양이 급속히 줄어든다. 단단한 줄기가 필요한 이유이다.

영양분이 위로 올라가기도 한다. 이런 물질교환을 위해서는 두 곳을 연결하는 관이 필요하다. 물관은 뿌리가 흡수한 물질을 위로 올려 보내는 관이며, 체관은 잎이 만든 영양분(당)이 이동하는 통로이다. 나무의 물질 이동을 담당하는 물관과 체관은 살아 있는 세포이다. 물관과 체관은 죽어서도 중요한 역할을 한다.

나무줄기에는 '관다발부름켜'라는 조직이 있다. 이곳에서 물관과 체관이 만들어진다. 관다발부름켜를 가운데 두고, 줄기 안쪽으로는 물관이, 바깥쪽으로는 체관이 만들어진다. 그런데 나무는 물관과 체관을 한 번 만들어서 계속 사용하지 않는다. 매년 새로운 물관과 체관이 만들어진다. 관다발부름켜에서 새로운 관이 만들어질 터이니 기존에 있던 물관은 줄기 안쪽으로, 체관은 줄기 바깥쪽으로 밀려난다. 기존에 있던 물관은 줄기 안쪽에 쌓이게 된다. 이렇게 새로 물관이 만들어진 흔적이 나이테이다. 줄기 안쪽에 자리를 잡은 오래된 물관은 대부분 죽은 조직으로 남고 더 이상 물관의 역할을 하지 않는다. 단단해진 오래된 물관은 나무를 지탱하는 든든한 목재가 된다. 체관도 물관처럼 매년 새롭게 만들어진다. 오래된 체관이 물관처럼 쌓인다면 나무는 줄기 안쪽으로만 부피생장을 하는 것이 아니라 바깥쪽으로도 부피생장을 할 것이다. 그 결과 관다발부름켜는 줄기 가운데 자리를 잡을 것이고, 새로 생긴 물관과 체관 역시 줄기 가운데에서 그 역할을 할 것이다. 하지만 오래된 체관은 계속 축적되지 않는다. 죽은 체관은 나무바깥쪽으로 밀려나면서 나무껍질을 이룬다. 껍질이 되어 나무를 보호하는 역할을 하다가 때가 되면 떨어져나간다. 이렇게 체관은 나무에 쌓이지 않고 계속 떨어져나가기 때문에 죽은 물관처럼 목재를 이루지 못한다. 그 결과 관다발부름켜는 계속해서 나무줄기 바깥쪽에 위치하게 되고(안쪽으로는 계속 죽은 물관이 쌓여 목재가 되므로) 물관과 체관 역시 줄기 바깥쪽 부분에 위치한다.

멋진 모양으로 오랜 세월 동네를 지키고 있는 고목 중에는 줄기 안쪽이 썩은 경우가 종종 있다. 나무를 든든히 받치는 역할을 하는 목재 부분이 썩었다면 그 나무가 쓰러지는 것은 시간문제이다. 사람들은 이에 대한 해결책으로 나무 안쪽을 시멘트로 채우기도 한다(요즘은 시멘트 말고 다른 재질을 쓰기도 한다). 종종 이런 나무를 본 적이 있을 것이다. 고목 줄기 안쪽을 시멘트로 채워도 나무가 죽지 않는 이유는, 줄기의 안쪽에 물관과 체관이 존재하지 않

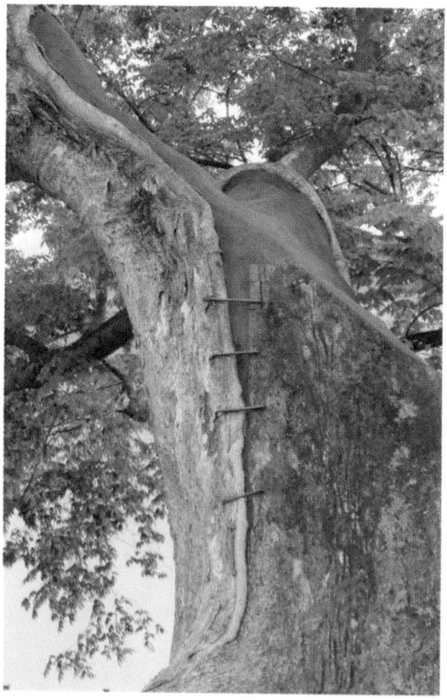

나무의 썩은 줄기 부분을 파내고 시멘트로 채워 넣는 것은 보기엔 흉하고 안쓰러워도 완전히 틀린 방법은 아니다.

기 때문이다. 줄기 안쪽의 목재는 나무의 기둥 역할을 한다. 그러니 나무의 썩은 줄기 부분을 파내고 시멘트로 채워 넣는 것은 보기엔 흉하고 안쓰러워도 완전히 틀린 방법은 아니다.

반대로 줄기 바깥쪽에 상처를 내면 나무에 치명상을 줄 수도 있다. 웬만한 외상에는 끄떡없는 것이 나무이지만 나무줄기를 원형으로 빙 둘러 조금 깊게 상처를 내면 나무는 시름시름 앓다가 죽는다. 줄기 바깥쪽에 있는 물관과 체관이 끊어져 나무 안의 물질이 전달되지 않기 때문이다. 그러니 독특한 모양의 가로수를 도시의 명물로 만들겠다며 가지를 네모나게 자르는 것은 괜찮을 수 있지만, 줄기를 따라 멋진 원형 무늬를 만들어보겠다고 칼을 댔다가는 나무도, 칼 댄 사람의 일자리도 사라질 수 있다.

9

벚나무 잎마다 애벌레?

곤충의 집

물관이 쌓여 만들어진 나무줄기의 단단한 목질은 나무의 지지대 역할도 했지만 인간의 집을 지지하는 역할도 했다. 나무 기둥 사이에 볏짚을 섞은 흙으로 벽을 만들었고, 볏짚을 잇거나 흙을 구워서 지붕의 재료로 썼다. 주변에서 쉽게 구할 수 있는 재료가 집의 재료가 되었다. 철근콘크리트와 강철이 만들어지면서 나무가 담당하던 기둥 역할을 대신했다. 엘리베이터가 발명되면서 건물은 점점 높이 올라갔다. 도시는 인간의 집으로 가득 찼다. 도시라는 것이 원래 인간이 살기 위해 만든 곳이니 인간의 집으로 가득한 건 당연하다. 하지만 우리가 알고 있듯이 인간의 도시에도 인간 이외의 동물이 살고 있으며, 그들에게도 집이 필요하다. 특히 새끼를 키울 땐 더욱 그렇다.

도시에 살고 있는 동물의 집 가운데 우리 눈에 가장 잘 띄는 것은 까치의 집이다. 까치는 높은 나무에 집 짓는 것을 좋아한다. 보통 자기와 새끼들 몸이 들어갈 정도의 크기로 집을 짓는 여느 새와는 달리 까치는 자기 몸의 몇 배나 되는 큰 집을 짓는다. 그러니 우리 눈에 잘 띈다. 까치는 보통 늦겨울에서 초봄 사이에 집을 짓는다. 떨어진 나뭇가지를 줍거나, 나무에 달려 있는 가지를 꺾어 집의 재료로 사용한다. 며칠 동안 애를 써서 나뭇가지를 하나하나 입으로 물어 날라 여기저기 끼워 맞추며 집을 완성한다. 까치가 집을 짓는 이유는 새끼를 키우기 위함이다. 집이 완성됐다면 곧 알을 낳을 것이다.

길을 가다가 하늘에서 갑자기 나뭇가지가 떨어진다면 한번 올려다보라.
까치가 집을 짓고 있을지도 모른다.

까치의 집은 꽤나 완성도가 높다. 나뭇가지 위에 집을 지으면서 지붕이 있는 집을 짓는 새는 그리 많지 않다. 게다가 까치의 집은 이중구조이다. 우리 눈에 보이는 거친 나뭇가지 집 안쪽에 그보다 훨씬 부드러운 잔가지와 흙으로 만들어진 새끼들의 생활공간이 있다. 속 둥지에는 깃털도 깔아 새끼들이 푹신한 곳에서 생활할 수 있도록 한다. 꽤나 큰 면적의 집이다 보니 까치집 안에서 어미와 새끼가 함께 생활하기에 큰 불편함이 없다.

도시에는 나무 말고도 까치가 좋아할 만한 높이를 가진 구조물이 있다. 전봇대나 이동통신 중계기 같이 높이 솟은 길쭉한 물체는 까치의 집터 후보지에 오른다. 하지만 그런 곳에 집을 지었다가는 인간에게 철거당하기 일쑤이다. 인간이 만들어놓은 물체의 본래 기능에 지장을 주기 때문이다. 도시에 사는 새의 운명은 이렇게 인간의 필요에 큰 영향을 받는다.

요즘엔 '닭둘기'로 불리며 사람들의 사랑을 받지 못하는 비둘기에게도 평화의 상징으로 인간의 칭송을 받으며 살던 시절이 있었다. 그때는 공원마다 인간이 비둘기 집을 지어 공짜로 분양하기도 했다. 요즘 같아서는 생각하기 힘든 풍경이다. 공원의 공짜 아파트를 잃게 된 비둘기는 종종 아파트 베란다에 집을 짓는다. 비둘기가 환영받지 못하는 상황에서 비둘기 집이 환영받을 리 만무하다. 특히나 다른 새들과는 달리 자신의 둥지 주변에 배설물을 쌓아놓는 비둘기의 습성은 인간의 비위를 거스른다. 그런 생활 태도로는 인간의 환영을 받기 어렵다.

아파트 베란다에는 종종 황조롱이도 둥지를 튼다. 황조롱이는 우리나라 도시에서 사람과 함께 살아가는 거의 유일한 맹금류이다. 흔치 않기도 하고 천연기념물이라는 지위도 있다 보니 사람들의 사랑을 받는다. 베란다에 비둘기가 알을 낳으면 싫어하던 사람도 황조롱이가 알을 낳으면 극진히 보살핀다. 도시에서 인간과 함께 살아가려면 인간의 필요도 해치지 않아야 하고, 비위도 거스르지 말아야 하고, 때로는 특정한 지위까지 획득해야 한다.

도시에 사는 새들은 종종 인간의 집을 이용해 집을 짓는다. 기와 사이에 집을 지은 참새(위)와 에어컨 실외기 안쪽에 집을 지은 비둘기(아래).

천연기념물 제323호 황조롱이. 우리 도시에 사는 가장 친근한 맹금류이다.

도시에 사는 새라면 노끈이나 비닐 등 인간이 만든 재료를 이용하는 기술 정도는 습득해야 할지도 모른다.

나무가 스스로 만들어준 집

까치는 집의 주재료를 나무에서 얻는다. 나무가 없다면 까치는 집을 지을 수 없을 것이다. 도시에 나무가 없다면, 까치는 아쉬운 대로 플라스틱 빨대 같은 것을 모아 전봇대 위에 집을 지을 수도 있을 것이다. 하지만 그럴 정도가 되면 까치는 이미 도시를 떠났을 것이다.

많은 동물이 나무를 이용해 집을 짓는다. 곤충도 예외가 아니다. 우리는 포유류나 조류처럼 큰 동물들만 집을 지을 것이라고 선입견을 갖지만 집을 짓고 사는 곤충은 꽤 많다. 역시나 새끼를 키울 때 특히 그렇다. 거위벌레들의 집 짓는 솜씨는 꽤 유명하다. 시내에서는 보기 힘들지만, 도시 인근의 산에만 가도 주위 깊게 살펴보면 거위벌레의 집을 볼 수 있다. 거위벌레가 집을 짓는 이유는 알을 낳기 위해서이다. 잎의 크기, 신선도 등을 조사한 후 집을 지을 잎을 정한다. 어떻게 접을지 결정한 후, 접을 수 있게 잎 여기저기를 오려낸다. 두꺼운 잎맥은 입으로 씹어서 말아 올리기 편하게 만든다. 자른 잎 조각을 접어 붙이고, 잎을 말아 올리는 중간에 알을 낳는다. 계속 말아 올려 뚜껑까지 덮고 나면 끝. 집 하나 만드는데 두 시간 정도가 걸린다. 꽤 수고로운 과정이다. 거위벌레는 집 하나에 보통 한두 개의 알을 낳는다.

거위벌레처럼 정교하게 짓지는 않더라도, 잎을 둘둘 말거나 잎의 한쪽을 접는 방식으로 집을 짓는 곤충은 많다. 날도래는 돌로 집을 지어 들고 다니기도 한다.

최근에는 다른 재료를 많이 쓰기도 하지만, 인간에게도 나무는 집을 짓는 데 중요한 재료이다. 인간이나 까치, 거위벌레처럼 나무를 사용해 집을 짓는 동물보다 한 수 위의 전략을 쓰는 동물도 있다. 나무가 알아서 집을 짓게 만드는 것이다.

거위벌레의 집. 꽤나 정교해 보인다.

모두 도시에서 볼 수 있는 곤충의 집이다.

꽃이 떨어지고 잎이 무성하게 난 벚나무에는 개미들이 열심히 들락거리며 꿀샘의 꿀을 대가로 다른 곤충의 접근을 막아내고 있다. 그런 개미의 방어벽도 뚫고 벚나무에 떡하니 집을 짓고, 아니 벚나무가 알아서 집을 지어 내어주게 하고 살아가는 곤충이 있다.

5월 말, 벚나무 잎을 가만히 보면 잎마다 애벌레 같은 것이 하나씩 있는 것을 볼 수 있다. 벌레를 싫어하는 사람이라면 질겁하겠지만 자세히 살펴보면 그것은 벌레가 아니라 벚나무 잎 자체이다. 잎의 한쪽이 막대 모양으로 부풀어 있는데, 이는 잎이 벌어지면서 생긴 것이다. 마치 사람의 피부에 물집이 잡힌 것처럼 말이다. 다른 점이 있다면 사람의 물집 안엔 물이 들어 있고, 벚나무의 물집에는 곤충이 살고 있다는 것이다. 그것은 곤충의 집이다.

사사끼잎혹진딧물이 그 집의 주인이다. 집주인은 집을 짓기 위해 애써 나뭇잎을 벌린 적이 없다. 벚나무가 스스로 나뭇잎을 벌려 사사끼잎혹진딧물을 위해 공간을 만들어준다. 그 공간은 외부에 노출되지 않아 안전하다. 그 공간은 천적의 침입을 막아주고, 비바람이나 뜨거운 직사광선의 위험도 막아준다. 그 속에서 사사끼잎혹진딧물의 새끼들이 무럭무럭 자라난다. 몇몇 곤충은 식물에 알을 낳기 위해 산란관을 찌르거나, 식물을 먹기 위해 입을 갖다 댈 때 식물을 자극한다. 식물은 이러한 외부 자극에 반응한다. 자신의 몸을 지키기 위함이다. 식물의 몸속에 알을 낳으면 그 알 주변의 조직이 분화하며 알을 둘러싼다. 알을 둘러싸 자신을 보호하려는 행위는 결과적으로 곤충의 집을 만들어주는 셈이 되었다. 이렇게 식물이 곤충을 위해 만들어준 집을 충영이라 한다. 지금까지 알려진 충영곤충은 약 1만 3,000여 종에 이른다. 우리 주변에서도 벚나무에 사는 사사끼잎혹진딧물의 집 이외에도 다양한 충영을 볼 수 있다. 가장 눈에 많이 띄는 충영은 때죽나무에 있는 충영이다.

때죽나무는 가지에 매달려 아래를 향해 피워내는 예쁜 꽃 때문에 많이 심는 나무이다. 대부분의 꽃이 하늘을 향해 피는 도시에서 때죽나무의 꽃은 그 독특한 모습 때문에 눈길을 끈다. 5월에서 6월경 하얀 꽃을 피우는데, 쪽동백도 이와 비슷한 꽃을 피우며 도시에서 살아간다. 이 두 꽃은 매우 비슷해서 꽃의 모양만으로 나무를 구분하기는 어렵다(둘 다 때죽나무속에 속한다. 아주 가까운 친척관계이다). 쉽게 두 나무를 구분하려면 잎의 크기를 보면 된다. 쪽동백은 한눈에 봐도 좀 크다고 느낄 만한 넓은 잎을 갖고 있다. 그러니 도시에서, 5월에서 6월경 나뭇가지에 매달려 땅을 향해 올망졸망 흰 꽃을 피우는 나무를 봤다면, 잎이 넓으면 쪽동백, 그렇지 않으면 때죽나무라고 생각하면 거의 맞다. 때죽나무의 그 예쁜 꽃이 지고 나면 작은 바나나 모양의 열매가 자라난다. 꽃이 질 무렵 자라나고 모양도 바나나와 비슷해서 열매라고 생각하기 딱 좋지만, 사실 그것은 충영이다. 충영의 주인은 때죽나무납작진딧물이다.

버드나무에는 다양한 충영이 있다. 버드나무는 예전엔 쉽게 볼 수 있었지만 요즘 도시에서는 보기가 좀 힘들다. 인간에 의해 심어져야 살 수 있는 도시에서 살아남기 위해서는 가로수로 심어지거나 정원이나 공원에 심어져야 하는데, 버드나무는 이런 곳에서 환영받지 못한다. 또 이맘때쯤 솜뭉치 같은 씨앗을 바람에 날려

왼쪽이 때죽나무, 오른쪽이 쪽동백이다. 쪽동백의 잎이 월등히 크다.

왼쪽 위부터 시계방향으로, 벚나무, 버드나무, 때죽나무 충영.

점점 더 도시에 심어지지 않는다. (버드나무가 날리는 솜뭉치는 꽃가루가 아니라 씨앗이다. 플라타너스도 비슷한 것을 날리는데 그래서 요즘에는 가로수로 잘 심지 않는다.)

버드나무가 도시에서 거의 유일하게 환영받는 곳은 공원의 연못 옆이다. 버드나무는 물을 좋아한다. 물을 향해 가지를 내리고 있는 모습이 사람들의 마음에 들었는지, 물이 있는 공원에는 버드나무를 많이 심는다. 버드나무는 곤충이 매우 좋아하는 나무이다. 그래서 그런지 버드나무의 충영도 종류가 많다. 때죽나무에는 바나나 모양의 충영만 있는 반면, 버드나무 충영은 오이 모양, 꽃 모양, 혹 모양 등 다양하다. 그곳에서 잎벌, 응애, 파리 등이 살아간다.

충영은 우리 주변에서 쉽게 볼 수 있지만, 그것의 정체를 아는 사람은 별로 없다. 충영은 자연을 바라보는 우리의 관심 영역에서 벗어나 있다. 하지만 충영의 존재에 대해 처음 알게 된 사람들은 이 신비로운 현상을 보고 놀라곤 한다. 나무가 스스로를 변형시켜 곤충의 집을 지어준다는 것은 일반적인 상식으로 생각하기 어려운 일이다. 충영을 알고, 주변에서 충영을 볼 수 있다면, 우리가 평소에 쉽게 생각하지 못하는 자연현상에 대해 이야기하는 좋은 기회가 된다. 거위벌레집 같은 곤충의 집을 보고도 비슷한 반응이 나온다. 곤충이 집을 짓는다는 사실 자체가 낯설게 느껴진다. 우리는 도시에 자연을 많이 넣고 싶어 하지만, 그 자연의 대부분은 나무와 풀 같은 식물에 한정된다. 곤충은 박멸의 대상이 된다. 하지만 곤충은 지구상에 존재하는 동물의 40퍼센트를 차지한다. 곤충이 이렇게 많은 비율을 차지한다는 것은 그들이 그만큼 생존에 유리하게 진화했다는 뜻이기도 하고, 그 결과 생태계에서 매우 중요한 위치를 점하고 있다는 뜻이기도 하다. 생태계에서 곤충만 쏙 빼놓을 수는 없다. 그러니 너무 징그러워하지만 말고, 정말 자연을 그리워한다면 나무에 살고 있는 곤충 정도는 너그럽게 봐주자.

여름

10

개미의 혼인비행

사회성 곤충의 출생의 비밀

6월이 되면 벚나무 잎의 충영 안에서는 사사끼잎혹진딧물이 자라고, 꽃이 진 자리엔 버찌가 자란다. 초록의 버찌는 검붉게 익으면서 새들이 씨앗을 퍼트려주기를 기다린다. 봄에 온 동네를 꽃으로 물들였던 작은 봄꽃들을 기억하는가? 벚꽃의 화려함 아래 냉이, 별꽃, 꽃다지, 선괭이밥, 꽃마리, 봄맞이, 살갈퀴, 제비꽃, 벼룩이자리, 씀바귀, 민들레가 제각기 자기 자리에서 꽃을 피웠다. 그냥 스쳐 지나간 사람도 있을 것이고, 무릎을 꿇고 봄꽃의 아름다움을 만끽한 눈 밝은 이들도 있을 것이다. 작은 봄꽃을 본 기억이 있다면, 봄꽃이 피었던 자리에 다시 한 번 가보자. 그곳엔 봄꽃만큼 작은 열매가 매달려 있을 것이다. 꽃의 존재 이유는 열매를, 씨앗을 만드는 것이다. 작은 열매를 맺는 식물들은 꽃을 떨군 후 열매를 만들어 바로 익힐 수도 있다. 하지만 많은 양의 과육을 담고 있는 열매를 익히려면 많은 에너지가 필요하다. 커다란 열매를 만드는 나무들은 봄에 부지런히 짝짓기를 한 후 여름 한 철 뜨겁게 내리쬐는 태양 빛을 받아 열매를 키워 가을에 빨갛게 익힌다. 우리가 '열매' 하면 가을을 떠올리는 이유는 이렇게 많은 과육을 담고 있어 눈에 잘 띄고, 우리가 먹을 수 있는 열매들이 주로 가을에 익기 때문이다. 이 정도 열매를 키우고 익히려면 충분한 태양 에너지가 필요하다. 그 에너지는 여름에 최고조에 이른다.

맨 위부터 시계방향으로, 별꽃, 선괭이밥, 꽃다지. 벌써 많은 열매를 달고 있다.

'열매' 하면 가을을 떠올리는 것처럼, '꽃' 하면 봄을 떠올린다. 하지만 봄에 피는 꽃보다 여름에 피는 꽃이 많다. 빈 가지에서 한 번에 피어나는 봄꽃처럼 극적이지 않고 잎이 이미 자리를 잡고 있어 눈에 잘 띄지 않을 뿐이다. 나무들도 꽃이 눈에 잘 띄지 않을까 걱정했는지(물론 사람의 눈이 아니라 곤충의 눈에) 산딸나무와 자귀나무는 꽃을 잎 위로 힘껏 올렸다. 그렇게 올려놓으니 사람들 보기에도 좋아서 도시에 심어졌다.

에너지 충만한 여름은 꽃을 피우기 좋은 계절이자 식물이 짝짓기하기 좋은 계절이다. 이때가 되면 우리 주변에 가장 많이 살고 있는 동물도 짝짓기에 나선다. 개미이다.

잎 위로 높이 올린 자귀나무의 꽃.

여왕, 날개를 떼어버리다

몸이 가벼운 수개미들은 별 어려움 없이 날아오른다. 몸이 무거운 예비 여왕개미는 도약대를 찾아 근처 풀 위로 올라간다. 풀의 높이와 반동을 이용해 하늘로 날아오른다. 예비 여왕개미 한 마리에 수개미 여럿이 달라붙는다. 이때 예비 여왕개미는 평생 동안 일개미를 낳을 때 쓸 정자를 몸속에 저장한다. 혼인비행을 마친 예비 여왕개미는 이제 쓸모없어진 날개를 스스로 잘라낸다. 앞으로 땅속 생활을 할 여왕개미에게 날개는 쓸모없을 뿐 아니라 거추장스럽다. 날개와 함께 예비 딱지도 떼어낸다. 이제 여왕개미가 됐다. 하지만 아직 그녀에겐 신민이 없다. 땅굴을 파기 시작한다.

땅속에서 낳은 알을 정성껏 키운다. 첫째 딸이 태어났고, 그 딸이 성충이 되었다. 살림 밑천 첫째 딸은 어미를 돕는다. 둘째 딸, 셋째 딸, 넷째 딸이 태어났다. 일개미의 숫자가 늘어나면서 여왕개미는 진정한 여왕이 된다. 이제 여왕개미는 알을 낳는 일에만 전념할 수 있다. 딸들은 먹이를 가져오고, 동생을 돌보며 키운다. 계속해서 여동생이 태어난다. 자매들은 한마음 한뜻으로 서로를 돌본다. 그렇게 개미왕국은 번성한다.

먹이를 구하고, 땅굴을 파고, 알과 애벌레를 돌보고, 왕국을 지키는 일개미는 모두 암컷이다. 암컷인 일개미는 자신의 알을 낳지 않는다. 몇몇 암개미는 여왕개미로 길러진다. 그들만 알을 낳을 수 있다. 대부분의 암컷 개미들은 엄마의 자식들, 즉 자신의 형제자매를 돌보는 데 만족한다. 가끔 저 구석방에서 알을 낳는 일개미가 있을 수도 있다. 하지만 곧 여왕, 즉 엄마에게 발각된다. 알을 낳은

혼인비행 후 스스로 날개를 잘라낸 여왕개미. 옆구리에 날개 자국이 선명하다.

딸은 즉결처분을 받는다. 엄마는 여왕물질을 내뿜는다. 그 물질은 딸들로 하여금 아이를 낳지 못하게 한다. 엄마는 딸들에게 명령한다. 너희들은 그냥 내 자식만 돌보아라.

여왕과 신민, 엄마와 딸

여왕개미와 일개미라는 단어는 권력관계를 암시한다. 하나의 왕국을 다스리는 여왕과 그 신민들. 이 단어가 주는 뉘앙스 때문에 우리는 그들이 단지 권력관계가 아니라 혈연관계로 맺어졌다는 사실을 잊곤 한다. 모든 일개미는 여왕개미의 딸이다. 이 말은 곧, 모든 일개미는 서로 자매 사이란 뜻이다. 한 마리의 엄마와 수천 마리의 딸. 모든 동물은 자신의 생존과 번식을 향해 진화했다.

자신의 유전자를 후세에 남기는 것이 동물의 존재 이유처럼 보일 정도로 번식은 모든 동물의(동물뿐 아니라 식물과 버섯, 세균도) 본능이다. 그런데 어떻게, 자신은 자식을 낳지 않고 단지 엄마의 자식, 즉 자신의 자매를 돌보며 사는 데 만족하는 개미가 존재할 수 있을까? 어떻게 그런 동물이 전 세계 육지에 걸쳐 살아갈 수 있을까?

"친형제 두 명이나 사촌 여덟 명을 살리기 위해서라면 기꺼이 물속에 뛰어들겠다." 이는 진화생물학자 존 스콧 홀데인John Scott Haldane이 한 말이다. 찰스 다윈Charles Darwin에게 이타적 개체의 존재는 골칫덩어리였다. 자신의 생존과 번식을 위해서는 이기적인 행동을 하는 것이 개체 차원에서 유리하다. 하지만 많은 사회성 동물에서 이타적인 행동이 발견된다. 이타적 행동이 자연선택 되어 살아남은 이유를 설명하기는 어려웠다. 이타적 행동을 종이나 군집 차원에서 설명하던 때가 있었다. "개체에겐 유리하지 못하더라도 종이나 군집의 생존과 번식에 유리하다면 그러한 개체가 자연선택 되어 살아남을 수 있다"라는 것이다. 하지만 집단의 생존을 위해 개체가 희생하는 것과 그 개체의 자연선택 간에 직접적인 연관성을 찾기는 어려웠다. 이에 대해 윌리엄 해밀턴William D. Hamilton은 "가까운 친척은 같은 유전자를 많이 공유하므로, 그들의 번식을 도움으로써 공유된 (이타적) 유전자가 다음 세대에 출현하는 빈도를 증가시킬 수 있다"라는 친족선택 이론으로 학계에 큰 반향을 일으켰다. 이는 리처드 도킨스Richard Dawkins의 이기적 유전자론으로 더욱 정교화되었다. 이기적 유전자론의 핵심은 자연선택의 단위가 개체가 아닌 유전자라는 것이다. 해당 유전자를 잘 퍼트릴 수 있는 방식으로 진화한다. 그러니 유전자 입장에서는 다른 개체에 있는 자신과 동일한 유전자가 번성하는 데에 도움이 된다면, 해당 개체가 이타적 행동을 하도록 진화할 수 있는 것이다. 이타적 행동을 이기적 유전자라는 이름으로 해석하는 것은 아이러니하게 보인다. 사실 이기적 유전자론은 용어 때문에 많은 사람의 오해를 샀다. 이기적 행동을 하는 개체를, 즉 사람으로 치면 이기적인 개인을 정당화하는 이론으로 여겨진 것이다. 하지만 이기적 유전자론은 개체의 이기적 행동에 정당성을 부여하기 위해 만들어진 이론이 아니다. 오히려 개체의 이타적 행동을 설명하는 데에 더 많이 쓰인다. 여기서 '이기적'이라는 말이 적용되는 것은 '개체'가 아니라 '유전자'이다.

자식보다 자매

개미와 꿀벌 같은 진사회성 동물들은 이타적 행동의 끝을 보여주는 것 같다. 그들은 모든 동물의 본능처럼 보이는 '자신의 아이 갖기'를 포기하고 '엄마의 아이', 그중에서도 주로 '자매'를 돌보며 살아간다. 이기적 유전자론은 왜 이들이 자매를 돌보며 살아가는가를 멋지게 해석해낸다.

개미는 다른 동물과는 차별되는 독특한 생식체계를 갖고 있다. 개미사회는 크게 여왕개미, 일개미, 수개미로 이루어져 있다. 여왕개미는 엄마, 일개미는 딸, 수개미는 아들이다. 일개미는 개미왕국을 유지하는 데에 필요한 온갖 일을 도맡아 한다. 수개미는 왕국의 유전자를 퍼트리는 역할을 한다. 수개미가 날아가 다른 왕국의 공주를 만나 짝짓기에 성공해야 왕국의 유전자가 다른 왕국으로 퍼질 수 있다. 여왕개미는 일상생활에서 큰 역할을 하지 않는 수개미보다 왕국의 유지에 도움이 되는 암개미를 훨씬 많이 낳는다. 이렇게 암수의 수와 역할에서 큰 차이가 나서 그런지, 개미는 암컷과 수컷의 알 자체가 크게 다르다. 암컷은 수정란에서, 수컷은 미수정란에서 태어난다. 즉, 암컷은 엄마 아빠가 모두 필요하고, 수컷은 엄마만 있으면 된다.

미수정란에서 새끼가 태어나는 것(인간으로 치면 여성의 난자에서 바로 아기가 태어나는 것)은 우리의 상식으로는 쉽게 납득하기 어렵지만, 곤충의 세계에서 종종 일어나는 일이다. 개미와 친한 진딧물은 알이 아닌 새끼를 낳는데, 대부분 미수정 상태의 새끼를 낳는다. 미수정 상태에서 새끼를 낳으면 빠르게 번식할 수 있다는 장점이 있다. 반면 유전적 다양성이 떨어진다는 단점이 있다. 벌이나 물벼룩 등도 이렇게 처녀생식을 한다.

수정란에서 태어난 암컷 개미는 두 벌의 염색체를 가진다. 미수정란에서 태어난 수개미는 한 벌의 염색체를 가진다. 두 벌의 염색체를 가진 암컷(여왕개미)과 한 벌의 염색체를 가진 수컷이 짝짓기를 해서 다시 암컷과 수컷을 낳는다고 생각해보자. 암컷은 A1, A2라는 염색체가 있고, 수컷은 B라는 염색체가 있다. 수정란에서는 암컷의 염색체와 수컷의 염색체가 결합된다. 수컷은 염색체가 한 벌밖에 없으니 B가 그대로 쓰이고, 암컷은 A1이나 A2 가운데 하나의 염색체가 쓰인다. 수정란에서 태어난 암컷 일개미의 염색체는 A1B, 또는 A2B가 된다. A1B와 A2B가 태어날 확률을 각각

1:1이라 하면, 자매들끼리 같은 유전자를 공유할 확률은 75퍼센트이다. 수개미 새끼는 아빠의 유전자는 필요 없으니 A_1, 또는 A_2의 유전자를 갖게 될 것이다. 엄마의 입장에서 새끼를 낳을 때 자신이 갖고 있는 염색체 중 한 벌만을 새끼에게 전해주므로, 그 새끼가 암컷이든 수컷이든 어미와 새끼의 유전자를 공유할 확률은 50퍼센트이다(이는 대부분의 동물에서 어미와 새끼 간의 유전자 공유 확률과 같다). 하지만 자매의 경우 서로 유전자를 공유할 확률이 75퍼센트로 어미와 새끼 간의 유전자 공유 확률보다 높다(대부분의 동물은 형제 사이에 유전자 공유 확률이 50퍼센트이다). 일개미는 자신과 50퍼센트의 유전자를 공유하는 새끼를 낳아 기르는 것을 포기하고, 자신과 75퍼센트의 유전자를 공유하는 자매들이 잘 크도록 돌보는 것을 선택한다. 기꺼이 아이를 낳지 않는다. 여기까지 들으면 홀데인이 한 말이 이해가 된다. 형제 두 명은(사촌 여덟 명도 마찬가지이다) 자신의 유전자와 동일하다. 그러니 형제 두 명을 살리는 데에 자신의 목숨을 내놓아도 유전자 입장에서는 별 차이가 없는 것이다. 만약 형제 세 명을 살릴 수 있다면 자신의 목숨을 내놓는 것이 유전자 입장에서는 더 유리할 수 있다.

여왕? 알 낳는 노예?

꿀벌은 개미와 같은 진사회성 곤충이다. 꿀벌과 개미는 모두 벌목에 속하는 사촌관계이다. 바퀴목인 흰개미를 제외하고 현재까지 발견된 진사회성 곤충은 모두 벌목이다. 꿀벌도 개미처럼 여왕이 있고 일벌과 수벌이 있다. 여왕벌은 1분에 한 개씩, 평생 약

50만 개의 알을 낳는다. 개미처럼 암벌(대부분의 일벌과 소수의 예비 여왕벌)은 수정란에서 태어나고, 수벌은 미수정란에서 태어난다. 탄생의 순간 일벌과 여왕벌은 차이가 없지만, 길러지는 과정에서 먹이의 차이 때문에 어떤 벌은 일벌로, 어떤 벌은 여왕벌로 자라난다. 여왕벌과 일벌이라는 이름 역시 주종관계를 암시하지만 실제 그들의 삶을 들여다보면 그렇지만은 않다. 일벌은 여왕벌을 보살피며 여왕벌의 생존과 번식을 위해 노력한다. 하지만 무리의 행동에 대한 결정권은 여왕벌이 아닌 일벌이 갖는다. 꽃가루 모으는 일에 더 많은 일벌을 배치할지, 집 지을 때 노동력이 더 필요한지, 무리를 나눠 새로운 집을 찾을지 등에 대한 결정은 일벌들이 한다. 여왕벌은 알을 낳는 역할을 할 뿐이 결정권이 없다.

생물학자이자 양봉가인 토머스 D. 실리Thomas D. Seeley는 『꿀벌의 민주주의』라는 책에서 꿀벌들의 분봉 과정을 자세히 설명하고 있다. 새로운 여왕벌이 길러지고 왕국의 규모가 지나치게 커져서 분봉을 해야 할 경우, 일벌은 기존 여왕벌을 채근해 새로운 곳으로 나가게 한다. 일벌들은 여왕벌의 먹이를 줄이는데, 제대로 먹지 못한 여왕벌의 알 생산이 줄어든다. 배 속에 예전처럼 많은 알을 채우지 못한 여왕벌의 배가 홀쭉해진다. 무거웠던 여왕벌의 몸은 비행에 적합하게 날씬해진다. 일벌들은 여왕벌을 흔들고, 밀치고, 물며 밖으로 나갈 것을 채근한다. 여왕벌은 벌집에서 이리저리 쫓겨 다닌다. 그사이 일벌들은 집을 나갈 때 필요한 에너지를 몸에 비축한다. 꿀로 배를 채워 배가 불룩해진다. 여왕벌의 몸집은 줄지만 일벌의 몸무게는 50퍼센트 늘어난다. 준비가 다 되면 여왕벌을 앞세워 한 무리의 일벌은 새로운 집을 찾아 떠난다. 아직 새 집터를 찾지 못한 벌 무리는 나뭇가지와 같은 곳에 공처럼 뭉쳐 있다. 새로운 집을 어디에 지을지는 일벌들이 결정한다. 몇 번의 정찰비행과 토의를 거쳐 새 집터가 결정된다. 그곳에 새로운 집을 지으면 여왕벌은 또 거기서 알을 낳는다. 그렇게 또 하나의 꿀벌 왕국이 건설된다. 여왕은 알을 낳을 뿐이다.

6월. 개미가 날아오른다. 새로운 왕국을 건설하기 위한 혼인비행.
초보 여왕개미는 대규모 집단과 함께 엄마의 집을 물려받는
꿀벌과는 달리 아무런 일꾼이나 새끼도 없이 새로운 나라를
힘들게 건설할 것이다. 그곳에서는 자신의 새끼를 낳기보다는
자매들을 돌보며 살아가는 수많은 개미가 태어날 것이다.
인간의 도시지만 흙이 있는 곳이라면, 그곳에서 개미는
자신들의 방식으로 자신들의 도시를 만들어낼 것이다.

11

웅덩이에 날아든 소금쟁이

물의 강한 극성과 생명

한바탕 장마가 지나간 후 동네엔 작은 웅덩이가 생겼다. 웅덩이는 작은 생태계를 만든다. 만약 이 웅덩이가 숲속에 있었다면 수많은 새가 날아와 목을 축이고 목욕을 했을 것이다. 몇몇 곤충은 잽싸게 알을 낳았을 것이다. 그 알과 알에서 태어난 새끼벌레들을 먹기 위해 또 다른 웅덩이를 찾을 것이다. 섬세하고 끈질기게 새를 관찰한 것으로 유명한 서남대학교 김성호 교수는 지리산 자락 어딘가에서 동고비 부부가 둥지를 짓고 새끼를 키우는 과정을 관찰한 『동고비와 함께한 80일』이라는 책에서 비 온 뒤 생긴 작은 물길을 찾아오는 많은 산새를 애정 어린 필치로 묘사했다. 조심성 있는 새들은 바로 물로 내려오지 않고 물이 내려다보이는 나뭇가지에서 한참을 망설인다. 가장 먼저 검은머리방울새 한 마리가 물 한 모금을 마시고 떠난다. 뒤이어 친구인지 가족인지 모를 동료들이 쪼르르 내려와 급하게 물을 마시고 떠난다. 검은머리방울새가 떠나면 박새, 진박새, 쇠박새, 곤줄박이와 같은 박새과 새들이 총출동해서 물을 마신다. 목욕을 하며 날개를 손질하는 것도 잊지 않는다. 그다음은 동박새의 차지이다. 흰배지빠귀는 물가에서 조금 떨어진 곳에 내려 깡충깡충 뛰며 다가온다. 노랑턱멧새가 목을 축이고 난 뒤에는 파란 깃털의 유리딱새가 날아와 목욕을 한다. 물을 찾는 새들을 노리는 새매도 등장한다. 비 온 뒤 고인 물은 생명에게는 축복이다.

하지만 자연과는 고립된 듯 보이는 인간의 도시에 생긴 물웅덩이는 찬밥 신세이다. 숲에 사는 생명들은 어쩌다 생긴 물웅덩이를 아주 반가워하지만, 도시에 사는 인간은 이런 물웅덩이를 싫어한다. 걷다가 신발에 물이 들어가기도 하고, 자동차가 밟고 지나가 물을 튀기기도 하고, 그 때문에 싸움이 나기도 한다. 물웅덩이가 생기도록 바닥 시공을 한 시공업체를 탓하거나, 이를 제대로 관리·감독하지 않은 구청에 민원을 넣기도 한다. 부지런한 가게 사장님은 가게 앞에 생긴 물웅덩이를 빗자루로 쓸어 없앨 것이며, 거리의 청결을 맡아주시는 분들도 물웅덩이를 가만히 보고만 있지는 않을 것이다. 도시에 생긴 물웅덩이는 이렇게 곧 사라진다. 행정체계가 재빠르게 움직이는 도시라면 다음번 장마 때는 같은 물웅덩이를 보지 못할 수도 있다. 하지만 한국의 도시에서라면 다음 해에도 같은 물웅덩이를 볼 확률이 꽤 높다.

인간 이외의 동물들은, 도시에 거주하더라도 어쩌다 생긴 물웅덩이를 반긴다. 까치나 비둘기가 날아와 목을 축이는 장면을 보는 건 그리 어렵지 않다. 모기 같은 곤충도 잽싸게 모여든다. 평상시에 도시에서 흔히 볼 수 없던 소금쟁이가 등장하기도 한다. 그런데 소금쟁이가 갑자기 어디에서 나타났을까? 소금쟁이는 물이 있어야 이동할 수 있는 것이 아닌가? 소금쟁이가 나는 모습을 보기는 쉽지 않다. 주로 물 위를 재빠르게 돌아다니니 날아다닐 필요가 없다. 그리고 소금쟁이가 날아다닌다고 생각하는 사람은 거의 없으니 행여 날아다니는 소금쟁이와 맞닥뜨렸다 하더라도 그것을 소금쟁이라 생각하긴 어려울 것이다.

소금쟁이는 노린재목의 곤충이다. 노린재는 오각형의 등판과 찔러서 빨아 먹는 주둥이를 가진 것이 특징인 곤충으로 보통 이 식물, 저 식물을 날아다니며 식물의 즙을 빨아 먹으며 사는, 우리 주변에서 흔히 볼 수 있는 곤충이다. (소금쟁이는 찔러서 빨아 먹는 주둥이로 동물의 체액을 빨아 먹는다.) 소금쟁이도 노린재목 곤충답게 날아다닐 수 있다. 물 위를 잽싸게 돌아다닐 수 있어서 잘 날지 않을 뿐이다(그리고 우리는 늘 물 위의 소금쟁이에만 관심이 있다). 그러고 보니 소금쟁이의 등판도 오각형인 것 같다.

소금쟁이가 물 위를 걷는 것이 물의 표면장력 때문임은 잘 알려진 사실이다. 웅덩이 바닥에 비친 소금쟁이의 그림자는 여섯 개의 동그라미로 보인다. 물의 표면장력이 만들어낸 작품이다. 소금쟁이의 무게 때문에 물은 소금쟁이의 발을 중심으로 동그랗게 내려앉는다. 그렇게 내려앉은 물이 바닥에 동그란 그림자를 만들어냈다. 물의 강한 표면장력은 동그란 그림자를 만들 정도로 물이 내

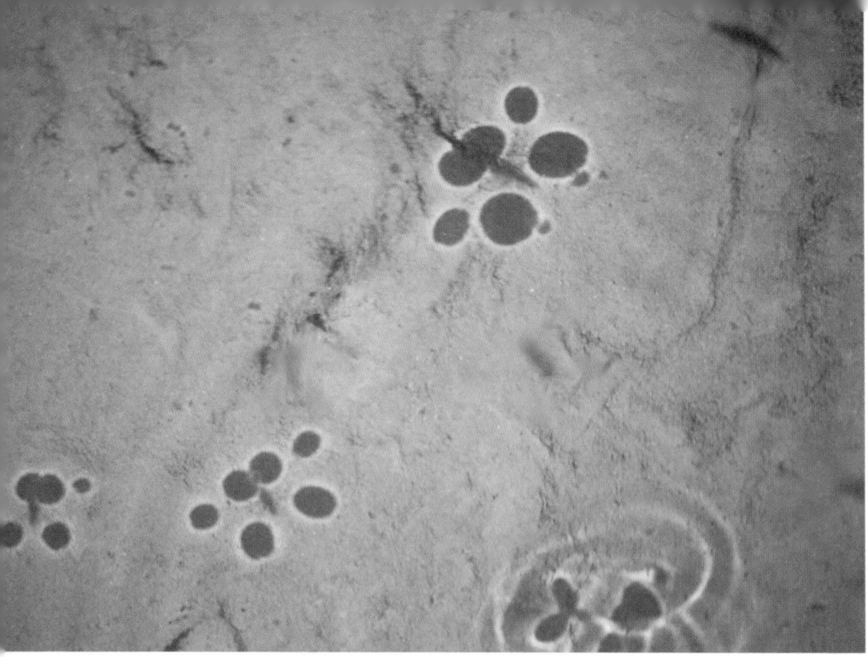

소금쟁이와 물의 표면장력이 합작해 만든 동그란 그림자.

려앉더라도, 표면의 물은 터지지 않게 한다. 그 덕분에 소금쟁이는 물 위를 걸을 수 있다.

강한 표면장력은 소금쟁이를 위한 것?

물을 이루는 산소원자와 수소원자는 광합성 과정을 통해 포도당과 공기 중의 산소분자를 이루게 된다. 이렇게 물은 자신을 구성하는 원자만으로도 생명에 많은 기여를 한다. 그와 더불어 물의 성질 때문에 나타나는 독특한 결합방식도 생명에 큰 영향을 미친다. 소금쟁이가 물 위를 걸어 다닐 수 있는 것도 물분자의 결합방식 덕분이다. 생명을 알기 위해서는 물에 대해 알아야 한다.

표면장력은 물만 가진 특징이 아니다. 모든 액체는 표면장력을 갖고 있다. 물의 표면장력이 다른 액체의 표면장력에 비해 상당히 클 뿐이다. 물이 강한 표면장력을 갖게 된 것은 수소와 산소의 특성 때문이다. 산소는 원소 중에서 전기 음성도가 매우 큰 원소이다. 그래서 산소원자 하나와 수소원자 두 개가 만나 만들어진 물분자는 극성을 갖게 된다. 산소원자와 수소원자는 전자를 서로 공유하지만, 산소원자가 강한 힘으로 전자를 자기 쪽으로 끌어당겨서 산소와 수소가 공유하는 전자는 산소 쪽으로 좀 더 가깝게 가게 된다. 이 결과 물분자 전체는 전기적으로 중성이지만, 전자를 가깝게 갖고 있는 산소원자 쪽은 음성을, 전자와 조금 멀어진 수소원자 쪽은 양성을 띠게 된다. 이런 물분자가 모여서 물이 된다. 한쪽은 음성을, 다른 한쪽은 양성을 띤 분자가 쭉 붙어 있는 것을 상상해보라. 그냥 쇳조각 여러 개를 연결한 것과, 극성을 띤 자석을 연결한 것은 결합의 크기가 매우 다르다. 이것이 물이 강한 응집력을 갖게 된 이유이고 표면장력이 강한 이유이다. 물분자의 강한 극성, 이것은 지구상에 살고 있는 생명에겐 축복이다. 단지 소금쟁이에게만이 아니라.

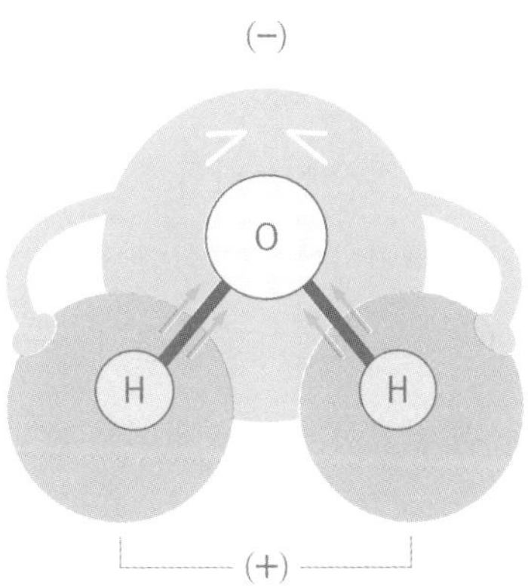

산소와 수소가 공유한 전자를 산소가 세게 끌어당겨 물분자는 극성을 띠게 된다.

계절과 밤낮에 따라 온도 변화가 극심하지 않은 것은 물분자의 강한 극성 때문이다

밤낮에 따라, 계절에 따라 태양이 지구에 전달하는 에너지의 양은 달라진다. 달라진 에너지는 지구의 온도를 변화시킨다. 지구 표면의 70퍼센트를 덮고 있으며 강한 극성을 지닌 물은 밤낮과 계절에 따른 급격한 온도 변화를 완화해준다. 물은 강한 응집력을 갖고 있기 때문에 그 응집력을 끊기 위해서는 많은 에너지가 필요하다. 흙에 열을 가하면 금방 뜨거워지지만, 물은 응집력을 끊기 위한 에너지를 추가로 필요로 하기 때문에 흙만큼 빨리 뜨거워지지 않는다. 반대로 물이 식을 때는 물이 결합하는 과정에서 열이 발생하므로 더 천천히 식는다. 이렇게 물은 온도를 천천히 높이고 천천히 낮추는 역할을 해 생명활동에 적절한 환경을 제공한다. 물이 이런 역할을 할 수 있는 것은 강한 극성을 갖고 있기 때문이다.

이는 동물이나 식물의 열을 식혀주는 데도 탁월한 역할을 한다. 몸이 더워지면 땀이 나고, 땀이 증발하면서 체온을 떨어뜨린다는 것은 모두가 잘 알고 있는 사실이다. 땀이 증발하면서 체온이 떨어지는 이유는 물분자의 강한 극성 때문이다. 물이 증발하기 위해서는 물의 강한 결합을 깨야 하는데, 여기에는 다른 액체보다 많은 에너지가 필요하다. 그렇기 때문에 땀이 증발할 때 몸에서 많은 열을 빼앗아가는 것이다. 이는 식물의 경우도 마찬가지이다. 잎의 뒷면에서 증산작용이 일어날 때 식물의 몸에서 열을 빼앗아간다. 이런 기능이 없다면 한여름 땡볕에 서 있는 식물의 몸은 타들어갈지도 모른다.

나무가 뿌리에서 물을 끌어 올릴 수 있는 것은 물분자의 강한 극성 때문이다

증산작용은 식물의 체온을 조절할 뿐만 아니라 뿌리에서 물과 무기양분을 식물체 전체로 끌어올리는 역할도 한다. 커다란 나무의 저 높은 줄기 끝까지, 뿌리에서 물을 끌어 올리는 것을 상상해보라. 물을 끌어 올리기 위해 식물이 펌프를 계속 가동해야 한다면 너무도 많은 에너지가 필요할 것이다. 광합성을 해서 힘들게 만들어낸 영양분을 물을 끌어 올리는 데 다 써버릴 수도 있다. 하지만 물의 강한 극성 덕분에 나무는 물을 끌어 올리는 데 에너지를 많이 쓰지 않는다. 증산작용으로 잎에서 물이 증발하면, 물의 응집력 때문에 나무의 아래쪽에서 물이 저절로 딸려서 올라온다.

한겨울 물속에 생명이 살 수 있는 것은 물분자의 강한 극성 때문이다

물분자는 서로를 강하게 끌어당기기 때문에 고체일 때보다 액체일 때 더 빽빽하게 붙어 있을 수 있다. 고체일 때는 물분자가 움직이기 어렵다. 액체일 때는 유동성이 있어 서로를 강하게 끌어당기면 더 빽빽하게 붙을 수 있는 것이다. 이 때문에 얼음은 물보다 밀도가 낮고, 그 결과 물 위에 떠 있을 수 있다. 물의 표면이 먼저 얼고, 그렇게 언 얼음은 물속으로 가라앉지 않고 떠 있다. 표면의 얼음은 차가운 바깥 공기를 막아준다. 얼음 아래에는 여전히 액체 상태의 물이 존재하며, 그곳에서 생명이 살아갈 수 있다. 얼음이 물속으로 가라앉는다면, 겨울마다 온 호수가 바닥까지 꽁꽁 얼어붙을지도 모른다.

또 물보다 얼음의 밀도가 낮기 때문에 물이 얼 때 부피가 커진다. 바위 틈새에 있던 물이 얼면 물의 부피가 늘어나고, 늘어난 부피의 힘이 바위를 깨트린다. 그렇게 깨진 바위는 생명이 살아갈 수 있는 흙이 될 것이다.

다양한 물질을 녹일 수 있는 것은 물분자의 강한 극성 때문이다

물은 강한 극성을 가지고 있기 때문에 이온물질과 어느 정도의 극성을 갖고 있는 물질을 잘 용해할 수 있다. 이렇게 용해된 물질은 생명현상에 유용하게 쓰인다. 생명이 존재하기 위해서는 어떤 방식으로든 물질이 이동을 해야 한다. 고체 상태로는 분자가 생명체 내에서, 또는 생명체 안팎으로 이동하기 어렵다. 기체는 너무 쉽게 퍼져나가기 때문에 이동하기 쉽지 않다. 따라서 생명이 존재하기 위해서는 액체가 필요하다. 물은 우리가 알고 있는 물질 중 가장 넓은 온도 범위 안에서 액체 상태로 존재하는 물질이다. 이 역시 강한 극성 때문이다. 우리가 알고 있는 대부분의 기체는 약한 결합력 때문에 온도가 조금만 올라가도 기체가 되어 날아간다. 그러니 액체로 만들기 위해서는 매우 낮은 온도가 되어야 하고 액체 상태를 유지할 수 있는 온도 범위도 작다. 물을 기체로 만들려면 매우 많은 에너지가 필요하며, 이 때문에 상당히 넓은 온도 범위에서 액체 상태로 존재한다. 넓은 온도 범위에서 액체 상태로 존재하면서 많은 물질을 녹일 수 있는 물은 생명현상에 필수이다.

액체의 존재가 생명체의 탄생과 생존에 매우 중요하다 보니 외계 생명체를 찾는 과학자들은 생명체를 찾기 위해 물이 존재하는지 여부를 먼저 따진다. 물 이외의 다른 액체가 그 역할을 할 수 있다고 생각하는 과학자도 있다. 그렇기 때문에 액체 메탄이 다량으로 존재하는 토성의 위성 타이탄이 생명체가 살 수 있는 후보군에 오른다. 하지만 액체 메탄은 온도가 너무 낮아 화학반응 속도가 느려서 생명을 유지시키지 못한다는 주장도 있다. 어쨌든 물은 단순히 지구에 액체 상태로 다량 존재한다는 것 이외에 지금까지 살펴본 강한 극성 때문에 각종 생명활동에서 큰 역할을 한다. 우리가 가장 잘 아는(사실은 유일하게 아는) 우주에 사는 생명체는 물이 없으면 살 수 없다. 그러니 과학자들이 외계생명체를 찾기 위해 물의 존재를 먼저 확인하는 것은 합리적인 접근 방법으로 보인다.

우리는 신체의 대부분이 물로 이루어져 있음을 알고 있다.
생명체가 물이 없으면 살 수 없다는 것은 상식이다.
하지만 무엇 때문에 그런지는 잘 생각하지 않는다.
물이 생명에 기여하는 방식은 다양하다. 그중에서도
화학 시간에 배운 원자의 특성, 산소원자와 수소원자가
결합하는 방식 하나만으로도 이렇게 많은 생명현상에 영향을
준다는 사실이 놀랍다. 하나하나 자세히 들여다볼수록
그동안 껍데기만 알고 산 것은 아닌가 하는 생각이 든다.

12

말라 죽은 지렁이

호흡

한바탕 비가 온 후 동네에 나타나는 건 소금쟁이뿐이 아니다. 지렁이 몇 마리가 아직 물기가 남아 있는 보도 위를 힘없이 기어 다닌다. 비가 온 후에야 모습을 드러내는 동물들을 보면 물을 좋아하는 것처럼 보인다. 지렁이도 비가 와야 모습을 보이니 물을 좋아하는 것처럼 보이지만, 우리는 경험적으로 이 지렁이가 곧 말라 죽을 것임을 알고 있다. 한없이 비가 내리지 않는 한, 곧 태양이 보도 위에 내리쬘 것이고, 그 위를 기어 다니는 지렁이는 말라 죽어 개미들의 차지가 될 것이다. 소금쟁이는 물이 반가워 물을 찾아 나타났지만, 땅속에 사는 지렁이는 땅속까지 들어온 물을 피해 땅 위로 피신한 것이다. 비가 그친 후 다시 흙 속으로 들어간 지렁이는 살아남지만, 미처 들어가지 못한 지렁이는 말라서 죽는다. 우리가 동네에서 볼 수 있는 지렁이 중에는 힘없이 꿈틀대는 녀석들도 있지만 상당수는 말라 죽은 지렁이이다. 동물의 사체를, 그것도 길쭉하면서 흉측한 모습인 지렁이 사체를 보는 것이 그리 유쾌한 일은 아니다. 사람들은 지렁이를 보고 눈살을 찌푸리거나 피해가기 바빴다. 하지만 요즘엔 지렁이에 대한 대우가 조금 달라졌다. 지렁이가 땅을 비옥하게 하는 동물이라는 사실이 알려지면서, 때때로 음식물 쓰레기를 깨끗이 처리해준다는 사실이 알려지면서, 지렁이는 '좋은 동물' 반열에 올랐다. 날이 갠 후 말라 죽어버린 지렁이를 보며 징그럽다고 피하는 사람 못지않게 불쌍히 여기는 사람도 늘어났다. 무언가를 안다는 것은 그것을 대하는 시선과 감정에까지 영향을 미친다.

비가 오면 땅 위로 올라오는 지렁이는 원래 흙 속에 사는 동물이다. 비가 많이 오면 지렁이가 살고 있는 곳에 물이 들어찬다. 숨쉬기 어려워진 지렁이는 물을 피해 땅 위로 올라온다. 지렁이는 피부로 호흡하는 동물이다. 피부호흡을 하기 위해서는 피부가 항상 축축해야 한다. 피부에 물기가 있어야 숨을 쉴 수 있지만, 물속에서 숨을 쉴 수는 없다. 숨을 쉬기 위해 물을 피해 땅 위로 올라왔지만 결국 피부의 물이 말라 죽고 만다.

호흡표면의 조건

축축해야 숨을 쉴 수 있는 동물이 지렁이만은 아니다. 산소로 호흡하는 모든 동물은 호흡표면이 항상 축축해야 한다. 호흡표면은 생명체와 생명체 외부 사이에 기체를 교환하는 바로 그 지점을

땅 위로 올라온 지렁이는 호흡표면이 말라 숨을 못 쉰다. 개미의 좋은 먹이가 된다.

말한다. 호흡표면이 되려면 기본적으로 두 가지 조건을 만족해야 한다. 외부에 직접 맞닿아야 하고, 축축해야 한다.

사람은 코가 호흡표면일 것 같지만, 대기 중의 산소가 사람이라는 생명체의 몸속에 들어가는 지점은 폐이다. 폐가 호흡표면이다. 산소의 입장에서 보면 계속 가던 길을 가다가 폐에 이르러서야 어떤 장벽(세포)을 만난다. 코로 숨을 쉬면 산소는 기도를 따라 폐에 이른다. 폐와 만나기 전까지는 그냥 공기 중을 떠돌아다니던 것과 별반 차이가 없다. 그냥 어떤 힘에 의해 어떤 구멍으로 딸려 들어갔을 뿐이다. 좀 잔인한 이야기지만, 입 양쪽을 잡고 힘껏 사람의 몸을 뒤집으면 겉과 속이 뒤바뀐 사람이 나타날 것이다. 피부는 안쪽으로 들어가고, 안쪽에 있던 기도나 식도는 피부처럼 바깥으로 나올 것이다. 기도는 사람의 몸속에 있는 것 같지만, 엄밀히 말하면 몸 안쪽으로 움푹 들어간 외부이다. 그 외부와 사람이라는 생명체가 만나는 지점이 폐이다. 그러니 폐는 호흡표면이 될 수 있는 첫 번째 조건을 만족시켰다. 게다가 폐는 늘 축축하다.

피부는 생명체와 외부가 직접 만나는 최전선이다. 몸을 뒤집어 까고 말고 하는 상상 따위는 필요 없다. 그러니 피부를 통해 기체를 교환하는 것을 자연스럽게 상상할 수 있다. 지렁이가 그런 일을 해낸다. 지렁이의 피부는 늘 축축하다. 따라서 지렁이 피부는 호흡표면이 될 수 있다. 그런데 그 피부가 마르면 호흡표면으로서의 자격을 상실한다. 숨을 쉴 수 없는 지렁이는 죽는다.

축축해야 녹는다

산소는 생명체의 몸속으로 바로 들어갈 수 없다. 산소는 세포막을 통해 확산된다. 산소가 많은 곳에서 적은 곳으로 자연스럽게 이동한다. 그렇게 되기 위해서는 산소가 물에 녹아야 한다. 이것이 호흡표면이 축축해야 하는 이유이고, 지렁이의 피부가 늘 축축해야 하는 이유이다. 물은 또 이렇게 생명에 기여한다.

수십조 개의 세포로 이루어진 우리 인간은 다세포생물에 익숙하다. 세포들이 모여 장기도 만들고, 뼈대도 만들고, 피부도 만든다. 그러다 보니 세포는 단지 몸을 이루는 가장 작은 단위 정도로만 인식된다. 세포 하나하나는 아무것도 아닌 것 같지만 모든 생명체는 단세포동물에서부터 출발했다.

하나의 세포로 이루어진 아메바와 같은 생명체를 상상해보

자. 하나의 세포로 이루어진 생명체도 살아가기 위해서는 에너지가 필요하다. 아메바는 물속을 둥둥 떠다니는 유기물질을 먹는다. 몸을 변형해 유기물질을 둘러싼다. 유기물질이 아메바 안으로 들어간다. (단세포 생물이니 세포 안으로 들어갔다고 해도 무방하다.) 세포는 유기물질을 소화한다. 물속에 녹아 있는 산소는 아메바의 피부(역시 단세포 생물이니 아메바의 피부는 세포막이라고 해도 된다)를 통해 몸속으로 들어간다. 산소가 아메바의 몸속으로 이동하기 위해서는 아메바의 몸이 젖어 있어야 한다. (아메바는 물속이나 축축한 흙, 축축한 동물의 몸에서 산다.) 몸이 젖어 있어야 그 속에 산소가 녹게 되고(물의 강한 극성은 얼마나 축복인가!), 이를 통해 아메바의 몸속으로 들어간다. 호흡이다. 몸속에 들어온 산소는 소화된 유기물을 만나 ATP라는 생명체가 즉시 사용할 수 있는 연료로 전환시킨다. (이 과정에서 일부 에너지는 열로 빠져나간다.) 그것으로 아메바는 살아간다.

또 하나의 조건, 넓은 표면적

인간과 같은 다세포동물은 이런 세포가 모여 하나의 개체를 형성했다. 산소는 호흡표면을 통해 개체의 몸속으로 들어오지만, 최종적으로 호흡이 일어나는 곳은 세포이다. 즉, 외부의 산소를 끌어들여 생명체가 쓸 수 있는 ATP라는 에너지를 만드는 과정은 세포에서 일어난다. 발전소에서 전기를 만들어 온 가정으로 보내주면 거기서 TV도 보고 세탁기도 돌리는 것이 아니다. 몸속에는 중앙 집중적인 발전소가 있는 것이 아니라, 중앙 집중적인 원료공급

장치가 있다. 소화기관과 호흡기관은 당과 산소라는 에너지를 만드는 데 필요한 자원을 각 세포에 보낸다. 그러면 세포는 그 자원을 가지고 에너지를 만들어 사용한다. 아메바는 하나의 세포로 이루어져 있기 때문에 전체 몸의 면적 중 외부와 맞닿아 있는 면적의 비율이 매우 크다. 하지만 수많은 세포로 이루어진 다세포생물은 단세포동물에 비해 외부와 직접 닿는 표면적이 작다. 호흡을 통해 공급된 산소는 몸속 모든 세포가 이용해야 한다. 그러니 외부와 생명체 간의 기체가 교환되는 호흡표면은 매우 넓어야 세포의 산소 수요를 감당할 수 있다. 인간의 호흡표면인 허파꽈리에는 작은 포도송이 같은 것이 수백만 개가 있다. 호흡표면을 넓게 하기 위함이다. 인간의 호흡표면은 테니스장 넓이만 하다. 물고기의 아가미에는 많은 주름이 있다. 아가미의 호흡표면은 몸 전체의 표면적보다 넓다. 피부호흡을 하는 지렁이와 같은 생물이 길고 납작한 이유는 전체 몸의 부피에 비해 표면적을 넓게 하기 위함이다. 만약 지렁이가 사람과 같은 모습을 하고 피부호흡을 한다면 곧 산소 부족으로 질식하고 말 것이다. 호흡표면이 갖춰야할 세 번째 조건. 넓은 표면적이다.

숨을 쉬지 않으면 아무리 밥을 많이 먹어도 그것을 에너지로 전환할 수 없다. 당은 여러 가지 형태로 몸속에 저장되어 며칠 동안 먹지 않아도 죽지 않지만 산소는 그렇지 않다. 그러니 나는 당신이 끊임없이 숨을 쉬길 바란다. 누군가

숨을 쉬지 못하고 있다면 당신의 숨이라도 빌려주길 바란다. 식물의 수액을 빨아 먹은 진딧물이 모두 소화하지 못하고 달콤한 액체를 개미에게 내주는 것처럼, 당신이 들이마신 산소의 상당량은 다시 밖으로 나올 것이다. 숨을 쉬지 못하는 사람에게 그 정도의 산소는 생명을 살릴 수 있는 양이다.

13

빤짝빤짝 빛나는 파리

색소와 구조색

장마가 끝났다. 이제 진짜 여름이다. 공원 한쪽에 만들어놓은 작은 수로 주변에는 물속으로 들어가려는 꼬마들과 이를 말리는 엄마들의 실랑이가 한창이다. 날이 더워지면서 "안 돼! 감기 걸려!" 따위의 엄마들의 말에 힘이 떨어진다. 그걸 귀신같이 파악한 아이들의 행보가 한 달 전과 달리 거침없다. 제철을 만난 바닥 분수는 물을 뿜어대며 자기가 그냥 구멍이 아니었음을 과시한다. 동네 꼬마들은 솟구쳐 나오는 물줄기 사이를 가로질러 달리며 물줄기와 한판 싸움을 벌인다. 예전 시골 아이들이 시냇물로 뛰어갔듯이, 요즘 도시 아이들은 사람이 만들어놓은 물길로 모여든다. 자연이든 인공이든, 물은 한여름 아이들에게 최고의 놀잇감인가 보다.

여름이 되면 물 만난 아이들처럼 곤충들도 돌아다닌다. 여름은 곤충의 세상이다. 그동안 숨죽여 있던 모든 곤충이 다 날아다니는 것 같다. 여름의 높은 온도는 변온동물인 곤충의 활동성을 높여준다. 햇빛을 쬐며 몸이 따뜻해질 때까지 가만히 기다릴 필요가 없다. 부지런히 움직여 생산성 높은 여름에 짝을 만나야 한다.

낮 동안 뜨거운 햇빛을 받은 인간의 콘크리트 집은 밤에도 매우 뜨겁다. 전기세를 아끼려는 인간들은 가정용 전기에 누진제를 고수하는 정부와 한전을 욕하며 돗자리 하나 들고 야외로 나온다. 여름밤의 높은 온도는 변온동물인 곤충이 밤에도 충분히 활동할 수 있게 한다. 작은 불빛이라도 있으면 나방이 돌진하고, 인간의 짧은 소매 아래 노출된 피부 속 싱싱한 피는 도시에 사는 모기의 생존과 번식에 필수적인 먹이가 됐으니, 이쯤 되면 인간들은 아무리 정부와 한전이 밉더라도 돗자리를 접고 다시 집으로 들어온다.

한여름에는 창문이라도 활짝 열어 바람을 들이고 싶지만, 방충망까지 활짝 열어 곤충을 집 안에 들일 수는 없다. 이래저래 여름은 곤충과 전쟁을 치르는 계절이다. 덕분에 창밖 풍경에 모자이크가 생기지만, 곤충이 집에 들어오는 것보다는 낫다. 순간 저 방충망이 벌레를 막기 위한 것인지, 나를 막기 위한 것인지 헷갈린다. 모기장에 갇힌 것처럼 답답한 마음이 솟구쳐 올라온다. 방충망을 힘껏 열고 창밖으로 고개를 내민다. 바깥 풍경과 나 사이를 가로막는 것은 이제 없다. 숨을 크게 들이마셔본다. 한 무리의 바람이 집 안으로 들어온다. 바람과 함께 자유도 들어온다. 파리도 함께 들어온다. 앗! 이놈의 똥파리! 자유는 얼어 죽을 자유. 서둘러 방충망을 닫는다. 하지만 이미 때는 늦었다.

파리는 온 집 안을 정신없이 날아다니며 창문에 '딱' 소리 나게 부딪쳤다가, 또 날아다니기를 반복한다. 얼른 파리채를 찾아 들었다. 놈이 액자 위에 앉았다. 분하지만 공격할 수 없는 위치이다. 놈은 연신 앞다리를 비벼댄다. 청결을 유지해 발의 감각을 최상으로 유지하기 위한 행동이다. (파리에게 청결이라는 단어를 쓰다니!) 녀석이 깔끔 떠는 바람에 그 앞다리에 붙어 있던 온갖 이름 모를 것들이 우리 집에 떨어졌다. 앞다리 청소를 끝낸 녀석은 다시 날아 아이 방으로 들어간다. 막다른 골목이다. 아이 방으로 들어가 잽싸게 문을 닫고 안을 둘러봤다. 녀석이 책상 위에 앉아 있다. 딱 잡기 좋은 위치이다. 파리채를 들고 숨죽여 다가간다. 녀석은 온몸의 털을 곤두세우고 공기의 흐름을 측정한다. 파리채를 어설프게 휘둘렀다간 녀석의 레이더망에 걸릴 것이다. 나의 순발력이냐, 녀석의 레이더망이냐! 결전의 순간! 어, 그런데 이상하다? 아까는 분명 흑백 파리였는데 이 녀석은 총천연색 컬러 파리잖아?

빛을 흡수하는 색소

똑같이 파리라고 부르지만 파리는 다양한 색을 갖고 있다. 붉은색의 커다란 눈 뒤로 회색과 검은색 줄무늬가 있는, 말 그대로 똥파리가 있는가 하면(정확히는 집파리과 파리들이다), 멋진 황금색이나 녹색을 자랑하는(물론 멋지다고 생각하는 사람은 거의 없겠지만) 반짝거리는 파리도 있다. 이들 파리를 보고 있으면 단순히 색깔만 검은색과 금색으로 다른 것이 아니라 색 자체가 차원이 다른 것처럼 느껴진다.

삼원색의 빛을 더하면 색이 없어지고, 물감을 더하면 검은색이 되는 것은 초등학교 미술 시간에 배운다. 색이 없는 것처럼 보이는 빛은 다양한 파장의 빛이 합쳐진 것이다. 이 빛은 굴절과 분산을 통해 다양한 색으로 나뉜다. 비 온 뒤 하늘에 무지개가 뜬다. 그 무지개를 보고 물감으로 그림을 그린다. 둘 다 빨주노초파남보로 비슷해 보이지만 역시나 색의 종류가 다른 느낌이다. 하나는 빛의 굴절과 분산이 만들어낸 색이고, 하나는 색소가 만들어낸 색이다.

색소는 빛에서 특정한 색을 흡수해 색을 만들어낸다. 색소에 흡수되지 않은 색은 반사되어 색소의 색이 된다. 나뭇잎에는 광합성을 하는 엽록체가 있으며, 엽록체 안에는 엽록소라는 색소가 있다. 빛을 이용해 광합성을 하는 곳에 색소가 있다는 것을 생각해볼 필요가 있다. 색소는 그 색을 만들기 위해 쓰이기도 하지만 빛을 이용하기 위해 쓰이기도 한다. 색을 만들기 위해서는 색소가 반사하는 색이 중요하고, 빛을 이용하기 위해서는 색소가 흡수하는 색이 중요하다. 광합성을 하는 나뭇잎의 엽록소라는 색소는 나뭇잎을 녹색으로 만들기 위해 엽록체 안에 있는 것이 아니라, 태양 빛을 흡수해 광합성에 이용하기 위해 존재한다. 광합성을 하는 나뭇잎의 색이 녹색이라는 것은, 나뭇잎은 광합성에 녹색의 빛을 잘 이용하지 않고 튕겨낸다는 뜻이다. 나뭇잎은 붉은색, 파란색, 노란색을 주로 사용해 광합성을 한다. 가장 싫어하는 색이 자신의 색이 된다. 나뭇잎은 녹색이 된다.

동물들은 색소를 이용해 주변 환경 속에 숨거나, 주변 환경에서 두드러지게 만들어 자신의 몸에 독이 있음을 알린다. 이성에게 매력적으로 보여 짝짓기 확률을 높이는 데 색소를 사용하기도 한다. 이럴 때는 색을 만들기 위해 색소를 사용하며, 색소가 반사해 내는 색이 중요하다. 하지만 동물들도 빛을 흡수하기 위해 색소를 사용하기도 한다. 가장 잘 알려진 색소가 멜라닌 색소이다. 검은색 피부를 만들어내는 멜라닌 색소는 대기를 뚫고 들어온 자외선을 흡수한다. 멜라닌 색소가 없다면 오존층을 무사히 통과해 살아남은 자외선이 몸속 깊은 곳까지 들어와 세포를 파괴할지도 모른다.

색소가 기본적으로 색을(빛을) 흡수한다는 사실을 잊지 말자. 그러면 모든 색의 물감을 섞었을 때 검은색이 되는 이유를 쉽게 알 수 있다. 모든 색의 물감을 섞으면 모든 색의 빛을 다 흡수하기 때문에 검은색이 된다.

무지개의 존재에서 알 수 있듯이 색은 색소가 없어도 만들어질 수 있다. 깊은 바다의 푸른색, 해 질 녘 하늘의 붉은색 모두 빛의 산란 때문에 만들어진다. 평소 투명해서 눈에 보이지 않는 빛이 특정 구조를 만나게 되면 굴절과 간섭 등을 통해 색이 나타난다. 이렇게 색은 때로는 색소를 통해, 때로는 빛의 산란과 굴절, 반사, 간섭을 통해 만들어진다. 몇몇 나비의 화려한 날개 빛도 이런 빛의 특성을 이용해 만들어졌다. 이를 구조색이라 부른다.

화려한 구조색

흑백 파리와 컬러 파리의 색도 이 두 가지 원리로 만들어진다. 흑백 파리의 검은색은 색소에 의해 만들어졌고, 컬러 파리의 컬러는 구조색에 의해 만들어졌다. 색소로 색을 만들기 위해서는 우선

파란 하늘과 붉은 하늘 모두 빛의 산란과 굴절 때문에 만들어졌다.

반짝이는 곤충의 색은 주로 구조색에 의해 만들어졌다. 맨 위부터 시계방향으로, 푸른등금파리, 청줄보라잎벌레, 중국청람색잎벌레.

색소를 얻어야 하는데(너무 당연한 이야기인가?), 곤충은 크게 세 가지 방법으로 색소를 얻는다. 하나는 곤충의 몸 안에서 물질대사를 통해 직접 색소를 만드는 것이다. 또 하나는 색소를 먹는 것이다. 특정 색소가 들어 있는 식물을 먹음으로써 그 색소를 이용하는 방식이다. 마지막으로 곤충 내부에서 곤충과 공생하고 있는 미생물이 색소를 만들기도 한다. 이 세 가지 방법은 색소에만 해당하는 것은 아니다. 곤충의 몸을 이루고 있는 다양한 물질이 주로 이 세 가지 방법에 의해 조달된다. 색소로 검은색을 만든 흑백 파리는 앞에서 보든 옆에서 보든 똑같이 검은색으로 보인다. 하지만 컬러 파리는 같은 색이라도 앞에서 볼 때와 옆에서 볼 때 색이 조금 다르다. 구조색으로 만들어진 색은 보는 각도에 따라 조금씩 다르게 보인다. 구조색으로 색을 만들기 위해서는 몸의 구조가 변해야 한다. 빛을 굴절시켜 원하는 색을 낸다는 것은 말처럼 쉬운 일이 아니다. 표피를 아주 미세하게 조절해 빛을 분산해야 한다.

생각해보면 동물 중에는 이렇게 보는 각도에 따라 다른 색이 보이는 동물이 많다. 까치의 검은색 꼬리 부분도 자세히 들여다보면 움직일 때마다 조금씩 청색 빛이 나는 걸 볼 수 있다. 수컷 공작의 화려한 깃털도 보는 각도에 따라 조금씩 색이 변한다. 딱정벌레목의 곤충 중 화려한 색을 자랑하는 곤충의 상당수도 그렇다. 갈치의 은빛도 그렇다. 우리가 동물을 볼 때 왠지 빛이 나는 것처럼 보이는 색은 구조색에 의해 만들어진 것이다.

자연은 다양한 색을 만들어낸다. 그 색은 특정한 일을 한 결과로 나타날 수도 있고, 특정한 일을 하기 위해 나타날 수도 있다. 색은 경고의 표시로도 쓰이고, 매력을 내뿜는 신호로도 쓰인다. 색을 만들기 위해 다양한 색소를 만들어낼 뿐 아니라 물리적 원리를 이용해 몸을 미세하게 갈고 닦았다는 것은 정말로 놀라운 일이다. 하지만 유전자와 자연선택과 돌연변이와 38억 년의 시간이 있다면야, 뭐.

14

냄새를 잘 맡는 개

생태적 틈새

지구에 생명이 탄생한 지 38억 년이 지난 지금, 수많은 생명이 살아남았다. 그들은 자신만의 방식으로 각자의 자리를 잡아 생태계 곳곳에서 암약 중이다. 사람이 만든 도시에도 사람 이외의 생명이 엄청나게 많이 살아간다. 도시까지 갈 필요도 없이, 당장 우리 몸 안에만 해도 40조~100조 마리의 세균이 살고 있다. 이미 사람 한 명의 몸속에 살고 있는 생명체만으로도 전 세계에 살고 있는 사람의 숫자를 훌쩍 넘어선다. 공원의 흙 한 줌 안에는 얼마나 많은 생명체가 살고 있을까? 사람 눈에 보이지 않는 생명체들을 차치하더라도 도시 안엔 수많은 곤충과 공벌레(손으로 잡으면 몸을 공처럼 둘둘 마는 공벌레는 절지동물문에 속하긴 하지만 곤충은 아니다. 다리가 많지 않은가), 거미와 진드기(많은 사람이 진드기와 진딧물을 헷갈려 한다. 개미와 친하게 지내는 진딧물은 곤충이다. 진드기는 다리가 여덟 개 달린, 거미강에 속하는 동물이다. 둘 다 절지동물문에 속하지만 진딧물은 곤충강, 진드기는 거미강 소속이다), 나무와 풀과 이끼(셋 다 식물계에 속하는 식물이다), 버섯과 곰팡이(둘 다 균계이다. 버섯은 식물이 아니다), 새(새는 공룡에서 진화했다. 아예 새가 공룡이라고 말하는 학자도 있다), 잉어와 금붕어와 꼼장어(도시에서는 주로 인공연못이나 어항, 횟집 수족관 등에서 살아간다. 셋 다 척삭동물문에 속하는 물고기이지만 잉어와 금붕어는 경골어강, 정식 명칭이 먹장어인 꼼장어는 턱이 없는 무악어강이다. 뱀장어는 경골어강에 속하니 뱀장어와 꼼장어는 아주 먼 사이이다), 맹꽁이와 도롱뇽(도시에서 양서류를 보기는 쉽지 않으나 도시 인근 산에서 많이 산다. 환경 변화에 민감해 각종 개발 사업을 할 때 뉴스에 자주 등장한다), 붉은귀거북과 카멜레온(척삭동물문 파충강에 속하는 동물들이다. 둘 다 애완용으로 우리나라에 왔다. 붉은귀거북은 집을 나와 야생으로 진출했다. 카멜레온은 아직 집을 나오진 않았다), 개와 고양이와 쥐(셋 다 척삭동물문 포유강 소속이다. 포유류가 번성한 지 고작 6,500만 년 정도밖에 안 됐다. 38억 년 지구 생명의 역사에서 아주 최근에 일어난 일이다)가 인간과 함께 살아간다.

이 다양한 생명은 살아가는 방식, 장소, 활동 시간 등이 다르다. 이렇게 '다르게 살아가는 것'이 다양한 생명이 살아남은 데에 결정적인 역할을 했다.

생태적 틈새, 생존과 공존의 조건

생태적 틈새는 많은 생물이 함께 살아가는 생태계에서 매우 중요하다. 서로가 다른 시간적·공간적 환경에서 살아가기 때문에 지구의 생태계는 다양성을 유지할 수 있다. 모두가 똑같은 시간에, 똑같은 환경에서, 똑같은 먹이를 먹고, 똑같은 집을 짓고 살아간다면 이렇게 다양한 종이 살아가는 생태계가 만들어질 수 없다. 틈새시장을 노려야 하는 건 창업 준비생들에게만 해당되는 일이 아니다.

틈새는 매우 다양하다. 생각할 수 있는 모든 것이 틈새가 될 수 있다. 하나의 나무를 기반으로 살아가는 곤충을 한번 생각해보자. 어떤 곤충은 그 나무의 뿌리를 먹으며 살아간다. 어떤 곤충은 줄기에 붙어 나무 수액을 빨아 먹는다. 어떤 곤충은 나무의 잎만을 부지런히 먹는다. 같은 잎이라도 어떤 곤충은 나무꼭대기 근처까지 올라가서 먹으며, 어떤 곤충은 밑동 근처에 있는 잎을 주로 먹는다. 어떤 곤충은 나뭇잎을 먹는 곤충을 먹으며 살아간다.

어떤 곤충은 나무속을 파고든다. 어떤 곤충은 나무 목질부를 이용해 집을 짓고, 어떤 곤충은 나뭇잎을 이용해 집을 짓는다. 어떤 곤충은 나무를 이용해 집을 짓는 곤충의 몸속에 알을 낳아 새끼를 키운다. 어떤 곤충은 나무에 집을 짓는 곤충의 몸에 기생하고 있는 곤충의 몸에 알을 낳는다. 어떤 곤충은 잎의 가장자리를 먹으며, 어떤 곤충은 잎 속에 들어가 갉아 먹으며 굴을 만든다. 어떤 곤충은 새로 난 잎을 먹으며, 어떤 곤충은 다 자란 잎을 먹는다.

틈새는 공간적으로만 존재하는 것이 아니다. 어떤 곤충은 해가 뜨면 돌아다니다가 해가 지면 들어간다. 어떤 곤충은 해가 지면 돌아다니다가 해가 뜨면 들어간다. 어떤 곤충은 봄에 나왔다가 여름에 들어가고, 어떤 곤충은 여름에 나왔다가 가을에 들어간다.

입 모양을 보라. 한 놈은 씹어 먹고, 한 놈은 핥아 먹고, 한 놈은 빨아 먹을 것이다. 위는 폭탄먼지벌레, 아래는 왼쪽부터 호리꽃등에, 호랑나비.

이렇게 수많은 생물은 자신만의 시간적·공간적 영역 속에서 살아간다. 그 영역 속에 살아가기 위한 무기도 개발해낸다. 식물의 즙을 빨아 먹는 곤충은 나무줄기를 찌를 수 있는 길고 단단한 주둥이를 발달시켰다. 나무껍질을 씹어 먹는 곤충은 힘이 센 큰 턱을 발달시켰다. 꽃 속 깊은 곳에서 꿀을 따 와야 하는 나비는 긴 대롱 모양의 주둥이를 갖고 있다. 그러니 동물의 생김새를 보면 어떤 틈새에서 살아가는지 어림짐작을 할 수 있다.

어둠이라는 틈새

큰 코를 갖고 냄새를 잘 맡는 개를 보면 개가 어떤 틈새에서 진화되어왔는지를 유추할 수 있다. 검고 촉촉한 개의 코는 연약해 보인다. 만지면 아플 것 같아서 개를 좋아하는 사람들도 개 코는 만지기 꺼린다. 하지만 개 코를 잘 안 만지고 조심하고 있다고 생각하는 사람들도 사실은 개 코를 만지고 있다. 우리가 생각하는 개 코는 개의 콧구멍 부분이다. 개는 입 위쪽, 그러니까 콧구멍에서부터 눈 바로 아래까지가 모두 코이다. 냄새를 잘 맡기 위해서는 후점막의 면적이 넓어야 한다. 인간의 후점막은 5제곱센티미터에 불과하나 덩치가 큰 개의 경우 후점막이 85제곱센티미터에 달한다. 후신경은 인간이 2,000만 개, 개가 2억 3,000만 개를 갖고 있다. 개가 인간과는 비교할 수 없을 정도로 후각이 발달했다는 사실을 우리는 경험을 통해 알고 있지만, 개의 커다란 코를 보고서도 유추할 수 있다. 야행성인 개는 가시광선이 부족한 환경에서 살아가기 때문에 후각을 발달시켰다. 우리는 늘 개와 함께 살다 보니 개가 야행성이라는 사실을 종종 잊곤 하지만, 개가 야행성이라는 점은 냄새를 잘 맡는 능력, 그 능력을 갖추기 위한 긴 코를 보고 유추할 수 있다.

모든 동물이 그런 것은 아니지만 청각이나 후각이 발달한 동물은 시각을 잘 사용할 수 없는 환경에서 사는 경우가 많다. 땅속에서 살고 있는 두더지는 시각이 거의 퇴화되었다. 그 대신 예민한 코로 지렁이를 잘도 잡는다. 땅속이라는 틈새에 적합하게 진화해 살아남았다. 시각을 잘 사용할 수 없는 대표적인 틈새는 밤이다. 밤에 돌아다니는 동물들은 후각이나 청각이 발달한 경우가 많다.

가시광선이 부족한 환경에서 살아가는 올빼미는 청력을 발달시켰다. 올빼미의 청력을 좋게 해주는 중요한 요소는 비대칭적인 귀의 위치이다. 한쪽 귀가 더 위쪽에 위치한 것이다. 귀의 위치가 다른 것과 청력이 좋은 것이 무슨 관계가 있을까? 소리는 공기를 타고 전달된다. 소리는 소리가 만들어진 곳에서 출발해 우리의 귀에 도착한다. 우리는 두 개의 귀를 갖고 있다. 아주 미세한 차이지만, 소리는 한쪽 귀에 먼저 도달하고 난 후 다른 귀에 닿는다. 인간은 그 소리가 양쪽 귀에 닿는 시간 차이를 계산해(물론 의식적으로 계산기를 두드리진 않는다) 소리가 출발한 방향을 알아낸다. 소리가 왼쪽 귀에 먼저 도달한 후 오른쪽 귀에 도달했다면 그 소리는 왼쪽에서 난 것이다. 귀가 양쪽에 있는 것은 이 때문이다.

올빼미는 귀가 양쪽에 달려 있는 것에 그치지 않고 하나가 다른 하나보다 약간 위에 위치해 있어서 소리를 통해 계산할 수 있는 방향이 더 많아진다. 깜깜한 밤중에 어딘가에서 들리는 들쥐 발

자극 소리만 듣고 올빼미는 들쥐에게 달려들어 늦은 저녁상을 준비할 수 있다. 물론 그 길은 올빼미가 잘 알고 있는 길이어야 한다. 갑자기 툭 튀어나와 길을 막고 있는 나뭇가지는 소리를 내지 않으니 말이다.

새로운 생태적 틈새의 발견과 진화

포유류의 조상은 야행성이었다. 최초의 포유류로 알려진 메가조스트로돈Megazostrodon은 거대한 공룡들이 활개 치는 낮 시간을 피해 밤에 돌아다녔다. 당시 '밤'이라는 시간은 생태적 틈새였다. '틈새'를 찾는 것은 진화에서 매우 중요하다. '밤'이라는 틈새를 찾아낸 포유류는 살아남았고 신생대에 접어들어 새를 제외한 공룡이 멸종한 틈새를 메워가며 전 지구와 시간으로 퍼져나갔다.

새로운 생태적 틈새를 찾아냈을 때 진화의 속도는 빨라졌다. 만약 모든 곤충이 나무뿌리만 먹고 살았는데, 어떤 곤충이 줄기의 수액을 빨아 먹는 틈새를 발견했거나 잎을 먹는 틈새를 발견했다

작고 힘없는 메가조스트로돈이 살아남은 데는 '밤'이라는 생태적 틈새를 찾아낸 것이 큰 역할을 했다.

면, 그 곤충은 기존 생물들과의 생존 경쟁을 피하고, 생존확률은 높아지고, 다양하게 진화할 수 있다. 나무 하나를 나눠 갖는 수준을 넘어, 물속에서만 살던 생물이 땅 위로 올라왔을 때, 땅 위에서만 살던 생물이 하늘을 날 수 있게 됐을 때, 다른 동물의 몸속에서 살아남는 법을 알아냈을 때 등 기존에 비어 있던 곳을 누군가가 차지한다면 그들은 다양하게 진화하며 번성할 가능성이 높아진다.

불을 이용해 숲을 태울 수 있던 인간은 다른 동물들은 해낼 수 없는 일들을 해냈다. 불을 피워낼 수 있는 환경도 일종의 '틈새'였다. 인간의 도시는 다른 동물들은 상상할 수 없는 환경이었다. 인간은 적극적으로 자신의 생활환경을 만들어냈다. 현재의 인간은 틈새라고 부르기 민망할 정도의 영역을 차지하고 살고 있다.

지구에 생명이 탄생한 이래 생태적 틈새는 지속적으로 발견되었다. 그 틈새를 누군가 차지하며 다양한 생명이 지구에 자리를 잡았다. 다양한 생태적 틈새에서 펼쳐지는 다양한 생명의 삶은 생태계를 건강하게 만드는 중요한 요소이다. 이는 인간의 도시에서도 마찬가지인 것 같다. 다양성이 사라진 도시가 어떻게 살 만한 곳일 수 있을까? 인간이 살아가는 도시라는 하나의 생태계 역시 다양한 틈새가 발견이 되고, 그 틈새에서 누군가는 역할을 하고 살아가야 도시 전체가 잘 굴러갈 수 있다. 생태계에서든 인간의 도시에서든, 우리는 전체주의자들을 조심해야 한다.

15

나무에 붙어 있는 매미 허물

외골격

우리는 다양한 감각을 동원해 계절을 느낀다. 기온의 변화를 피부로 느끼며 계절이 변하는 걸 안다. 사방에 살고 있는 식물의 변화 모습을 눈으로 보며 계절을 느낀다. 식물은 계절에 맞추어 모습을 변화하며 살아가고, 식물의 변화에 맞추어 많은 동물이 살아간다. 인간도 그중 하나이다. 도시에 살면서도 눈으로 계절을 확인할 수 있는 것은 길가에 심어진 가로수, 화단에 심어진 꽃, 길가에 피어나는 잡초 덕분이다. 아까시나무나 등나무, 수수꽃다리의 꽃 향기를 맡으며 봄을 느낄 수도 있다. 소리로도 계절을 느낀다. 안 들리던 개구리 울음소리가 들리면 봄이 온 것이다. 매미 울음소리는 그 자체가 온도를 높이는 것 같다. 귀뚜라미 울음소리를 듣고 '아 여름이 왔구나'라고 생각하는 사람은 없을 것이다. 계절을 대표하는 이 세 가지 소리 중 개구리 울음소리와 귀뚜라미 울음소리는 도시에서 점점 듣기 어려워진다. 매미만 꿋꿋하게 살아남아 도시에 사는 인간들에게 여름이 왔음을 알려준다. 꿋꿋하게 살아남는 정도가 아니라 그 수가 점점 늘어나는 것 같다. 매미의 울음소리가 점점 커진다는 신문 기사까지 등장한다. 시끄러운 매미 울음소리에 인상이 찌푸려지기도 하고, 그 소리가 온도를 섭씨 1도 정도 높여주는 것 같지만, 매미 울음소리마저 안 들리는 도시의 여름은 외롭고 허전할 것 같다.

매미가 우는 것은 짝짓기를 하기 위해서이다. 수컷 매미는 강렬한 울음소리로 자신의 존재를 암컷에게 알린다. 수컷의 울음소리를 들은 암컷 매미는 수컷에게 날아가고 마음에 들면 사랑을 나눈다. 매미가 짝짓기를 하기 위해서는 우선 어른이 되어야 한다. 애벌레의 임무는 먹는 것이고, 어른벌레의 임무는 짝짓기를 하는 것이다. 애벌레는 끊임없이 먹어대며 어른이 될 준비를 한다. 특히 잎을 먹는 애벌레의 식욕은 엄청나다. 나뭇잎으로만 모든 영양소를 채우기는 힘들다. 특히 단백질이 부족하다. 이를 채울 수 있는 방법은 많이 먹는 것이다. 그렇게 애벌레 시기를 지나면 성충이 된다. 성충의 임무는 짝짓기이다. 일단 암수가 서로 만나야 하니 매미는 울고, 반딧불이는 불빛을 낸다. 수컷 나방은 멋진 부채꼴 모양의 더듬이로 암컷이 발산하는 페로몬을 감지한다. 페로몬을 감지하지 못하면 짝짓기를 할 수 없으니 수컷 나방 더듬이의 성능은 매우 뛰어나다.

물속에 사는 반딧불이 유충은 뛰어난 사냥꾼이지만, 성충은

1 2
3
4 5

성충의 존재 이유는 짝짓기이다. 그러니 동네에 유난히 짝짓기하는 곤충이 많이 눈에 띈다고 해서 이상하게 생각할 필요는 없다. 1.꽃무지 2.노린재 3.섬서구메뚜기 4.소금쟁이 5.물방개

이슬만 먹고 산다. 하루살이 성충은 입이 아예 없다. 먹는 데 시간 쓰지 말라는 뜻이다. 얼른 짝짓기를 해서 알 낳는 데에만 집중해야 한다. 매미는 찌르는 입으로 나무 수액을 빨아 먹고 사니 먹지도 못하는 하루살이 성충처럼 마음이 급하진 않을 것이다. 하지만 우리가 어린이 과학책에서 보아 익히 알고 있는 것처럼, 오랜 시간을 땅속에서 보내고 여름 한 철 어른벌레로 사는 매미의 입장에서는 그리 여유가 있을 것 같지는 않다. 빨리 암컷을 만나야 한다. 그러니 시끄러운 도시에 살면 울음소리가 더 커질 법도 하다. 다시 말하지만 성충의 존재 이유는 짝짓기이다.

탈피

땅속에서 꽤 오랜 시간을 산 매미 애벌레는 이제 어른이 될 준비가 됐다. 자연의 모든 신호가 여름이 왔음을 알려오면 땅속의 매미 애벌레는 용케도 그걸 알아차리고 나무 위로 기어올라 어른이 될 적당한 장소를 물색한다. 어떤 녀석은 나무줄기에, 어떤 녀석은 잎의 끝에 자리를 잡았다. 매미 일생의 마지막 탈피가 남았다. 마지막 탈피가 끝나면 녀석은 어른이 될 것이다. 매우 중요하면서 동시에 매우 위험한 순간이다. 사방에서 통통한 매미를 노리는 천적이 눈을 부라리고 있다. 하지만 탈피 중인 매미는 그 천적을 피할 수 없다. 매미의 뇌에서는 호르몬이 분비돼 탈피를 재촉한다. 이마 부분이 갈라지고 새로운 매미의 몸이 조금씩 보인다. 그동안 매미의 몸을 보호해준 표피와 앞으로 죽을 때까지 매미의 몸을 감쌀 새로운 표피 사이가 벌어진다. 옆구리에서 날개가 돋아난다. 온몸이 옛 표피 바깥으로 빠져나왔지만 아직 날개가 마르지 않았다. 날개의 시맥으로 공기와 피를 보낸다. 날개가 점점 마르고 활짝 펴진다. 생애 가장 위험한 순간을 잘도 넘겼다. 이제 짝을 만나기 좋은 장소로 이동한다. 매미는 나무줄기나 나뭇잎에 옛 껍질을 남겼다. 올여름 유난히 매미가 많이 운다면, 유난히 많은 매미의 옛 껍질을 발견할 수 있을 것이다.

그 껍데기의 모양은 어른 매미의 모양과 아주 비슷하다. 애벌레에서 번데기를 거쳐 성충이 되는 곤충과 달리 매미는 번데기 과정을 거치지 않는다. 매미는 어려서부터 어른 매미와 비슷한 모양을 하고 있다. 몸이 점점 커지고, 마지막 탈피 과정에서 날개와 생식기관을 갖춘 채 어른이 된다. 이런 곤충을 불완전변태 곤충이라고 한다. 메뚜기나 노린재도 불완전변태 곤충이니 생각보다 꽤 많은 곤충이 번데기 과정을 생략한다. 우리에게 가장 유명한(그리고 맛있는) 번데기는 누에나방의 번데기이다. 대표적인 완전변태 곤충은 나비목(나방은 나비목에 속한다) 곤충이다. 딱정벌레목 곤충(딱정벌레, 하늘소, 풍뎅이, 무당벌레 등 딱딱한 겉날개를 갖고 있는 곤충)들도 완전변태를 한다.

완전변태가 됐든 불완전변태가 됐든, 곤충은 성장하기 위해 탈피를 해야 한다. 애벌레에서 어른벌레가 될 때만 탈피를 하는 것이 아니라 아주 어릴 때부터, 애벌레가 점점 커나가는 과정에서도 몇 차례 탈피를 한다. 탈피하지 않으면 성장할 수가 없다. 어른벌레가 되면 성장을 멈춘다. 당연히 탈피도 없다.

곤충에게 탈피는 성장의 시간이지만, 그때가 가장 위험한 순간이기도 하다. 노린재가 탈피하는 모습.

불완전변태를 하는 매미의 탈피각. 완전변태를 하는 곤충과는 달리 성충의 모습을 닮았다.

우리 주변에서 가장 쉽게 볼 수 있는 탈피의 흔적은 거미의 껍질이다. 자신의 거미줄에 탈피각을 걸어놓은 무당거미.

외골격도 뼈

곤충이 탈피를 하는 이유는 뼈가 몸 안에 있지 않고 몸 바깥에 있기 때문이다. 단단한 큐티클 층으로 이루어진 곤충의 피부를 외골격이라 한다. (곤충뿐만 아니라 절지동물문에 속하는 동물들은 외골격을 갖고 있다. 거미, 꽃게 등도 단단한 외골격이 있다. 우리 주변에서 가장 쉽게 볼 수 있는 탈피의 흔적은 거미의 껍질이다.) 피부라고 불렀지만 이름에서도 알 수 있듯이 뼈의 역할을 한다. 뼈는 몸을 지탱하고, 몸의 모양을 구성하고, 근육의 부착판이 되어 움직임을 용이하게 한다. 곤충의 외골격도 몸을 지탱하고, 몸의 모양을 구성하고, 근육이 붙는다. 거기에 더해 딱딱한 외골격은 천적에게서 자신의 몸을 지켜주는 좋은 방패가 된다. 곤충이 지금과 같이 번성한 이유로 변태를 통한 애벌레와 어른벌레의 먹이 경쟁 회피, 작은 몸체로 손쉬운 생태적 틈새 개발, 날개의 존재, 짧은 수명(빠른 세대교체)으로 인한 빠른 진화 등을 든다. 한 가지 더 추가해 외골격의 존재 역시 곤충의 번성에 크게 이바지했을 것으로 여겨진다. 무엇이 생존에 유리했을지 판단하는 것은 그리 어렵지 않다. 그 모양을 하고 있는 녀석들이 번성하고 있다는 것, 즉 존재 자체가 증거가 된다. 외골격을 가진 그들은 이렇게 살아남아 지구 전역을 날아다니고 있다.

외골격은 곤충의 번성에 크게 이바지했다. 최고의 방어막을 갖게 된 곤충은 우리가 알고 있는 생물의 계통분류상 절반 이상의 종을 차지할 정도로 번성했다. 하지만 외골격이라는 최고의 방어막은 성장에는 방해가 된다. 성장하기 위해서는 탈피를 해야 한다. 그때는 가장 위험한 순간이다.
위험한 탈피와 성장의 시간을 잘 이겨낸 곤충은 성충이 되어 자신의 후손을 남길 것이다. 많은 곤충이 그 시간을 이겨냈다. 그래서 지금 이렇게 살아남았다.

16

덩굴식물의 덩굴손

식물과 중력

계란꽃이라고도 불리는 개망초가 온 동네에 피어나고 있다. 개망초는 여름을 대표하는 꽃이다. 도시에서 인간이 심지 않은 풀은 늘 생명이 위태롭다. 인간이 심지 않은 풀은 제거의 대상이 된다. 봄에 사람들이 심은 벚나무, 조팝나무, 연산홍 등이 꽃을 피울 때, 그 아래에 사람들이 심지 않은 냉이, 꽃다지, 꽃마리, 봄맞이, 제비꽃 등이 피어난다. 이 작은 풀꽃들은 사람들의 시선을 붙잡기도 하지만, 정원을 관리하는 사람들에게는 반갑지 않은 모양이다. 아무리 예쁜 꽃을 피워도 인간의 정원에서는 인간이 심지 않은 풀들은 제거되기 십상이다. 이런 풀꽃들은 대부분 아주 작은 꽃을 피운다. 최대한 인간의 눈에 띄지 않으려는 듯. 하긴 짝을 연결해줄 곤충들에게만 잘 보이면 그만이다.

아파트 정원에 작고 예쁜 꽃을 피운 흰젖제비꽃. 사람이 심지 않은 꽃은 제거의 대상이 된다. 하지만 내년에 또 그 자리에서 꽃을 피울 것이다.

그런데 이 개망초는 매우 화려하고 눈에 띄게 피어난다. 정원을 가꾸는 사람도 이 꽃이 심은 꽃인지, 잘라내야 하는 꽃인지 헷갈릴 정도이다. 그 덕분인지 개망초는 인간이 심지 않고 눈에도 잘 띄면서 도시 곳곳에 살아남았다. 하지만 아무리 예쁜 꽃을 피워도 인간의 눈치를 안 볼 수는 없는 법. 인간들이 심어놓은 꽃들을 피해 정원 가장자리에 많이 핀다. 정원 안쪽은 많은 풀이 자라고 있으니, 탁 트인 길가 쪽으로 고개를 내미는 것은 자연스러운 일이다. 고개를 내밀다 보면 사람의 발에 치여 줄기가 꺾이기도 한다.

중력을 측정하는 식물

줄기가 꺾인 개망초를 발견했다면 꺾인 줄기를 따라 난 가지를 유심히 살펴보길 권한다. 우리가 알고 있는 개망초는 하늘을 향해 뻗은 곧은 줄기와 그 줄기 양쪽으로, 줄기와 나란히 하늘을 향해 가지들이 자라난 모습이다. 그런데 줄기가 꺾여서, 줄기가 땅과 수평 방향으로 자라고 있으면 가지들은 어떻게 될까? 줄기를 사이에 두고 줄기를 따라 나란히 자라는 모습을 줄기가 누워 있을 때도 유지할까? 그렇지 않다. 개망초의 가지는 줄기가 꺾였어도 하늘을 향해 자란다. 애초에 개망초 가지에게는 줄기와 나란히 자라는 것이 중요하지 않았다. 개망초 가지는 하늘을 향해 자라는 것이 중요했다. 줄기가 하늘을 향해 자라고 있으니 가지도 나란히 자랐을 뿐이다. 그렇다면 개망초는 위아래를 구분할 수 있다는 말인가? 구분할 수 있다. 지구에 사는 식물들에게 위는 중력의 반대 방향, 아래는 중력 방향을 의미한다. 식물의 뿌리는 아래를 향해 자란다. 줄기는 위를 향해 자란다. 그들은 중력을 측정해서 어디를 향해 자라야 하는지 결정한다. 이를 굴중성이라고 한다.

허리 꺾인 개망초. 그래도 가지는 하늘을 향한다.

중력을 이겨라_① 단단한 목질

중력은 지상에 살고 있는 모든 식물이 이겨내야 하는 힘이다. 햇빛이 비치는 하늘을 차지하는 일은 햇빛을 원료로 광합성을 하는 식물에게 매우 중요하다. 홀로 있을 때는 별 상관이 없겠지만 경쟁자 나무들이 옆에 있다면 빨리 올라가 먼저 하늘을 차지하는 것이 생존에 유리하다. 그래서 나무는 하늘을 향해 올라가고 또 올라간다. 하지만 하늘을 향해 높이 올라간다는 것은 말처럼 쉬운 일이 아니다. 하늘에 떠 있는 태양은 그것을 향해 나아가고자 하는 식물의 욕망을 자극하지만, 식물이 발을 딛고 있는 지구는 하늘로 올라가려는 식물을 꽉 붙잡는다. 하늘을 향해 올라가기 위해서는 발뒤꿈치를 잡아당기는 지구의 힘을 이겨내야 한다. 중력을 이겨내고 높이 올라가기 위해서는 특별한 조직이 필요하다. 나무에는 셀룰로오스와 리그닌lignin이라는 물질로 구성된 세포벽이 있다. 이 단단한 세포벽 덕분에 하늘을 향해 자랄 수 있다. 풀이 나무만큼 높이 올라가지 못하는 이유는 리그닌이 없기 때문이다. 리그닌 없는 줄기로는 지구의 중력을 이기고 높이 자랄 수 없다. 하지만 목질이 없어도, 나무만큼은 아니지만 풀도 하늘을 향해 줄기를 뻗는다. 풀은 세포 안에 물을 꽉 채움으로써 압력을 얻어 곧게 설 수 있다. 날이 가물어 물이 부족하면 풀의 줄기는 힘을 잃고 축 처진다. 물은 풀이 곧게 서는 데도 중요한 역할을 한다. (진짜 물 없으면 어쩔 뻔했어?)

강한 중력은 이를 이겨내기 위해 단단한 목질을 탄생시켰다. 죽은 물관부가 쌓여 만들어진 목질은 나무의 줄기를 두껍고 단단

저 두꺼운 목질 덕분에 나무는 중력을 이겨내고 하늘로 가지를 뻗을 수 있다.

하게 만들어 나무의 키를 키웠다. 그 결과 커다란 나무들은 숲으로 들어오는 햇빛의 상당량을 차지할 수 있었다. 하지만 높고, 굵고, 단단한 목질의 줄기를 만드는 일과 그것을 붙잡아놓기 위해 깊고 넓은 뿌리를 만드는 일 모두 많은 에너지가 필요하다. 생명의 세계에서 불필요한 에너지를 낭비한다는 것은 도태를 의미한다. 생존과 번식을 위해 에너지를 조금이라도 더 효과적으로 이용한 생명이 살아남고, 선택되어, 진화한다. 그러니 단단한 목질 없이도 하늘을 차지할 수 있다면 그보다 좋을 수는 없다.

중력을 이겨라_② 목질 감기

모든 식물이 햇빛을 차지하기 위해, 중력을 이겨내기 위해 두꺼운 목질을 만들어내지는 않았다. 오히려 두꺼운 목질을 만들어낸 식물보다 더 많은 종의 식물은 그들을 감고 올라가는 것을 선택했다. 잎이 변형되어 만들어진 덩굴손은 감고 올라갈 주변의 나무를 찾아 허공을 휘젓는다. 그러다가 적당한 나무가 걸리면 순식간에(식물의 입장에서는) 나무를 휘감는다. 일단 한번 걸리면 별다른 어려움 없이 나무를 감고 올라간다. 두꺼운 목질을 만드는 데 에너지와 시간을 쓰는 대신, 예민한 촉각을 발달시켜 중력을 이겨내고 햇빛을 차지한다. 때로는 감고 올라간 나무가 만들어낸 영양분도 가져온다.

덩굴식물은 우리 주변에 아주 많이 있다. 호박이나 조롱박, 오

감고 올라갈 나무를 찾고 있는 덩굴식물들. 맨 위 왼쪽부터 시계방향으로, 환삼덩굴, 하늘타리, 돌외.

이, 수세미 등 각종 박 종류의 덩굴식물들은 조경용으로 많이 선택받았다. (오이와 수세미도 박목 박과에 속하는 박의 일종이다.) 인간은 덩굴식물을 위해 이들이 감고 올라갈 지지대까지 만들어준다. 보통의 숲속이라면 나무를 감고 올라갔을 덩굴식물들은 도시에서는 철로 만들어진 지지대를 감고 올라간다. 그들이 도시에 적응한(또는 인간을 이용한) 방식이다.

인간의 간섭이 덜한 깊은 숲속으로 가면 덩굴식물을 많이 보게 된다. 우리나라에서 야생 덩굴식물의 묘미를 맛보려면 제주 곶자왈을 찾을 것을 권한다. 곶자왈은 열대의 북방한계 식물과 한대 남방한계 식물이 공존하는, 독특한 식생을 보여주는 곳이다. 제주말로 곶자왈이란 나무, 덩굴식물, 암석 등이 뒤섞여 수풀처럼 어수선하게 된 곳이라는 뜻이다. 이름에서도 알 수 있듯이 곶자왈에는 많은 덩굴식물이 존재한다. 곶자왈의 신비로운 분위기는 그 덩굴식물들이 만들어낸다 해도 과언이 아니다. 인간이 관리한 곳을 주로 보던 사람들이 제주의 신비로운 곶자왈을 보면 탄성을 금치 못한다. 탄성이 나오는 이유는 상당 부분 덩굴식물 때문이며, 덩굴식물은 그만큼 흔히 존재하는 식물이다. 인간의 손이 닿지 않는다면 말이다. (육지의 볕 잘 드는 얕은 산지에서는 단연 칡이 위세를 떨친다.)

도심 속 덩굴식물

오이나 호박 등 인간이 심어놓은 덩굴식물만 존재할 것 같은 도시에서도 야생 덩굴식물이 많이 살아간다. 어떤 덩굴식물은 한자리를 떡하니 차지하고 있어 눈에 띄지만, 어떤 덩굴식물은 인간

덩굴식물들이 신비로운 분위기를 만들어내는 제주의 곶자왈.

이 심어놓은 식물 틈에 숨어 있어 자세히 봐야 알 수 있다. 다행히도 7월은 도시의 대표적인 덩굴식물이 눈에 잘 띄는 시기이다. 박주가리 꽃이 핀다.

환삼덩굴, 박주가리, 마 등은 도시에서 인간이 심지 않은 대표적인 덩굴식물이다. 이 가운데 환삼덩굴은 생태계를 파괴하는 식물로 여겨져 인간들이 별로 좋아하지 않는다. 마도 7월경에 꽃을 피우지만 눈에 잘 띄지 않는다. 박주가리에는 예쁜 별 모양의 꽃이 핀다. 7월의 도시에서는 회양목 울타리 틈새로 고개를 내밀거나 잣나무 줄기 등을 감고 올라가 꽃을 피운 박주가리를 볼 수 있다. 잎만 있을 때는 그 풀이 무슨 풀인지 잘 모르겠지만, 이렇게 예쁜 꽃을 피워준다면 박주가리를 쉽게 알아볼 수 있을 것이다. 그렇게 꽃을 알아봤다면 다음엔 잎을 한번 보라. 예쁜 잎맥이 눈에 들어올 것이다. 그 잎맥은 여느 잎의 맥과는 좀 다른 느낌이다. 이제 당신은 꽃이 없더라도 박주가리를 알아볼 수 있을 것이다. 박주가리에 꽃이 피는 것을 보았다면, 가을에도 박주가리를 한번 찾아가보길 권한다. 그때는 열매가 달려 있을 것이다. 아직 여물지 않은 열매는 그 입을 꼭 다물고 있다. 그 열매가 익으면 살짝 벌어진다. 벌어진 열매 사이로 성냥 모양의, 나무 손잡이가 아닌 솜 손잡이가 달린 성냥 모양의 씨앗이 뭉쳐져 있다. 그 씨앗을 살짝 꺼내 당신의 아이와 함께 하늘 위로 힘껏 던져 날려보길 권한다. 박주가리 씨앗의 환상적인 비행을 보게 될 것이다. 만약 조금 높은 곳에서 아래를 향해 날릴 수 있다면(작은 하천 위 다리에서 물을 향해 던지는 것이 가장 예쁘지만, 어디라도 크게 상관없다) 그렇게 해보라. 만화 속 하늘

회양목 틈에서 살고 있는 박주가리와 박주가리의 꽃, 잎, 씨앗.

을 날아다니는 민들레 씨앗이 만들어낸 환상적인 장면을 현실에서 보려면 박주가리 씨앗 정도는 되어야 함을 알게 될 것이다. 두꺼운 줄기를 만들지 않아도 되는 박주가리가 그 에너지를 아껴 이런 아름다운 비행이 가능한 씨앗을 만들었구나라는 생각이 들 정도이다.

덩굴식물이 생존하는 방식은 얌체 같아 보일 수도 있다.
하지만 살아가는 방식이 어찌 한 가지만 있겠는가.
덩굴식물이 택한 방식 덕분에 우리 인간들은 멋진 담쟁이가
벽을 가득 채운 고풍스러운 건물에서 살 수 도 있고,
도심 속에서도 박이 주렁주렁 열린 터널을 걸어볼 수도
있는 것 아니겠는가.

17

산수국의 헛꽃
이성의 유혹

마음만으로도 누군가를 유혹할 수 있다면야 좋겠지만, 현실에서는 이성을 유혹하기 위해 많은 비용이 든다. 유혹이라는 단어가 좀 못마땅한 사람들은 '마음을 얻기 위해' 정도로 순화해도 좋겠다. 어쨌든 사랑하는 사람이 생기고, '그 사람도 나를 사랑했으면' 하는 마음이 들면, 그 사람의 마음에 들기 위해 노력한다. 그 사람이 자주 다니는 길목을 서성이기도 하고, 좀처럼 신경 쓰지 않았던 옷차림에도 마음이 쓰여 꽤 괜찮은 옷을 한 벌 장만하기도 한다. 만나서 얼굴만 보고 있을 수는 없으니 영화도 보고, 뮤지컬도 한 편 본다. 전망 좋은 레스토랑에서의 저녁식사와 향이 좋은 커피 한 잔은 필수 코스 같다. 그 사람이 좋아할 만한 선물을 준비할 수 있다면 더욱 좋겠다.

이성의 마음을 얻기 위해 이런 행동을 하는 것은 사람만이 아니다. 대부분의 새는 수컷이 화려하다. 화려하게 치장된 몸은 생존 능력으로 인식되어 암컷에게 인기가 많다. 깡총거미 수컷은 암컷의 마음을 얻기 위해 공연을 하기도 한다. 암컷 앞에서 온갖 귀여운 포즈를 취하며 춤을 춘다. 먹을 것을 가져와 암컷과 함께 식사를 하는 동물은 엄청나게 많다. 닷거미는 먹이를 잡아 거미줄로 둘둘 말아 포장까지 해서 암컷에게 가져다준다. 어떤 이들은 목숨 걸고 사랑을 한다. 수컷 사마귀는 죽지 않으려면 암컷과 사랑을 나눈 후 재빨리 도망쳐야 한다. 하지만 잡혀도 후회는 없다. 암컷의 먹이가 된다는 것은 곧 더 건강한 아기를 낳는다는 것을 의미하니 말이다.

천정부지로 뛰어오르는 집값, 전셋값 때문에 이 시대를 살아가는 청춘들의 결혼은 늦어지거나 포기되곤 한다. 인간이 결혼하기 위해 집이 필요하듯이, 동물의 세계에서도 결혼의 조건으로 집이 요구되는 경우가 많다. 특히 새의 경우가 그렇다. 봄에 날씨가 따뜻해지면 곤충들이 활동을 시작한다. 새의 입장에서는 단백질이 풍부한 먹이가 활동을 시작한다는 의미이다. 먹이가 풍부한 시기에 아이를 키우는 것이 유리하니, 봄이 되면 많은 새가 짝짓기를 한다.

대부분의 새는 새끼를 키우기 위해 집을 짓는다. 암수가 함께 집을 짓는 경우도 있지만, 수컷이 먼저 짓는 경우도 있다. 수컷이 집을 부실하게 지어놓으면 그 집에 들어가 살려는 암컷을 구하기 어려울 수도 있다. 집 장만에 허리가 휘는 것은 인간만의 문제는 아니다. 단, 새들의 세계에서 나뭇가지나 이끼, 거미줄의 가격이 천정부지로 오르는 경우는 흔치 않다.

성적이형

'성적이형性的異形'은 암컷과 수컷, 즉 성에 따라 생김새가 다름을 뜻하는 말이다. 서로 다른 개체인 암수가 만나 자신들의 유전자를 새끼에게 전달한다. 암수가 합쳐지려면 둘의 모습이 다를 수밖에 없다. 처음에는 생식기의 모양 정도만 달랐을지도 모르겠다. 하지만 짝짓기의 방식이나 새끼 양육 방식 등에 따라 암수가 서로 필요한 모습이 달라지면서 모습이 조금씩 변하게 됐을 것이다. 그런 변화된 모습은 서로에게 매력으로 느껴진다. 매력은 보통 생존능력으로 치환된다. 근육질의 몸은 그렇지 않은 몸보다 살아남을 확률이 높다. 생존에 유리한 유전자를 자신의 유전자와 섞어야 새끼의 생존확률이 높아진다. 암컷의 입장에서 근육질의 수컷에 끌릴 수밖에 없다. 그러면 점점 근육질의 수컷이 유전될 확률이 높아지고, 암수의 모습은 더욱 달라질 수 있다.

성적이형이 극적으로 나타나는 동물은 공작이다. 공작의 화려한 꽁지깃은 수컷의 상징이다. 암컷 공작새는 화려한 꽁지깃을 가진 수컷 공작새를 좋아하지만, 그 꽁지깃은 생존에 별 도움이 안 된다. 도움이 안 되는 수준을 넘어 살아가는 데에 불편하기까지 하다. 생존경쟁이 치열한 생태계에서, 생존에 불편한 화려한 꽁지깃을 가진 수컷 공작새가 살아남았다는 것은 의아한 일이다. 진화는 조금이라도 생존에 유리한 방향으로 진행된다고 하지 않았나?

진화의 두 가지 원동력은 자연선택과 성선택이다. 자연선택은 생존에 유리한 기질이 자연에 의해 선택되어 살아남는다는 것이고, 성선택은 어떤 이유에서건 상대방 이성에 의해 선택된 개체가 살아남아 진화한다는 뜻이다. 보통의 경우 성선택과 자연선택은 같은 방향으로 갈 가능성이 높다. 암컷은 자신의 새끼에게 좋은 유전자를 남기려 할 것이고, 그 좋은 유전자라는 것은 생존에 유리한 유전자이다. 앞서 말했듯 생존에 유리한 것이 매력적으로 보인다. 그러니 대부분의 암컷은 생존에 유리한 조건을 가진 수컷에게 끌리게 마련이다. 하지만 생존에 유리한 것과 매력이 늘 일치하는 것은 아니다. 공작새가 대표적인 예이다. "저렇게 생존에 불편한 커다랗고 화려한 꽁지깃을 갖고도 살아갈 수 있다면, 얼마나 탄탄하게 내실을 다졌을까?" 생물학자들이 추측하는 암컷 공작새의 연애관이다. 이런 경우 생존에 불편한 요소를 많이 갖고 있는 것이 수컷으로서 경쟁력을 갖는 상황이 되어버린다.

사슴뿔 같은 큰턱을 갖고 있는 사슴벌레는 성적이형을 보이는 대표적인 곤충이다. 암컷 사슴벌레도 큰턱을 가졌지만 수컷의 것만큼 거대하지는 않다. (곤충의 구기는 큰턱, 작은턱, 윗입술, 아랫입술 등으로 구성되어 있다. 사슴벌레의 뿔 모양의 입은 큰턱이 변형되어 만들어진 것이다.) 커다란 큰턱을 갖고 있으니 사냥에 요긴하게 쓸 것 같지만, 사실 사슴벌레는 수액을 먹고 산다. 사냥을 하지 않는다. 그러니 거대한 큰턱은 생존에 별 도움이 되지 않는다. 암컷 사슴벌레는 자신의 (상대적으로 작은) 큰턱을 나무 갉아낼 때 잘 사용한다. 수컷의 거대한 큰턱은 종종 다른 곤충을 밀어낼 때도 사용되지만,

주로 경쟁자 수컷을 몰아내는 용도로 사용된다. 나무를 제대로 갉을 수 없는 수컷들은 어느 나무에 상처가 나서 수액이 흘러나오면 여기저기서 달려들어 열심히 핥아 먹는다. 그것을 핥아 먹을 때도 아마 큰턱은 꽤나 걸리적거릴 것이다. 수컷 사슴벌레의 큰턱은 도망가는 암컷을 막거나 붙잡는 데도 쓰인다. 이 경우 암컷의 선택과는 관계없이 짝짓기에 유리한 형질이 유전될 가능성이 높아진다.

애사슴벌레 수컷(위)과 암컷(아래). 큰턱의 크기가 다르다.

이렇게 생존에 불필요하더라도 암컷이 선택하면 그 형질은 살아남는다. 인간은 지능이 높은 두뇌를 무기로 삼는 동물이다. 그래서 머리가 클수록 생존에 유리하다. 하지만 현대를 살아가는 인간 여성들은 작은 머리를 가진 남성을 선호한다. 그것은 남성도 마찬가지이다. 그러니 이런 인간의 취향이 바뀌지 않는 한 몇몇 공상과학영화에 나오는 것처럼 미래 인간의 머리가 엄청나게 커질 확률은 높지 않다.

중매자 유혹하기

꽃을 피우는 식물은 동물과 비슷하면서도 조금 다르게 유혹한다. 식물도 동물처럼 짝짓기를 하기 위해서는 이성을 만나야 한다. 식물에게는 곤충, 새 같은 중매자가 있는데, 이 중매자는 그냥 중매를 서는 정도가 아니라 짝짓기를 완성시켜주는 역할까지 한다. 식물은 땅에 뿌리를 박고 있는 관계로 중매자가 없으면 이성을 만날 수가 없다. 그러니까 이성을 유혹하는 심정으로 곤충이나 새를 유혹해야 한다.

수컷 공작새의 화려한 꼬리처럼, 화려한 꽃은 식물의 생존과 직접적인 관련이 없다. 꽃을 피우지 않아도 하나의 개체로서 살아가는 데에 아무 지장이 없다. 지장이 없는 정도가 아니라, 꽃을 피우는 데에 들어가는 비용을 자신의 생존을 위해 쓴다면 생존확률은 더 높아질 것이다. 하지만 새끼를 낳는 것은 식물에게도 존재 이유 중 하나이다.

식물은 자신의 생존에는 위협이 되더라도 자신이 갖고 있는 많은 자원을 들여 꽃을 만든다. 멀리서도 알아볼 수 있도록 온갖 색소를 동원해 예쁜 색으로 치장한다. 자외선을 잘 보는 꿀벌의 시력까지 파악해 자외선 탐지기로 볼 수 있는 꿀선을 만들어 꿀의 위치를 표시해놓고, 혹여 눈 나쁜 꿀벌이 있을까 봐 향기를 만들어 풍긴다. 향기를 만들기 위해 식물은 화학공장을 가동해서 온갖 화학약품을 섞어댄다. 어떤 꽃은 자신을 찾아오는 곤충의 몸 크기와 체형에 맞춰 착륙장을 만들어주기도 하는 등 온갖 정성을 들여 중매자를 유혹한다. 이렇게까지 노력을 해도 마음이 놓이지 않는 식물도 있나 보다.

벌을 위해 착륙장을 만들어준 물봉선.

산수국의 헛꽃

이맘때 동네에서 쉽게 볼 수 있는 산수국은 별 모양의 작은 꽃들이 옹기종기 모여 커다란 꽃 뭉치를 만든다. 팝콘 알갱이가 터지듯이 둥글둥글한 꽃망울이 돌아가며 피어난다. 같은 산수국이라도 어떤 곳에선 붉은색, 어디서는 흰색, 어디서는 푸른색으로 핀다. 산수국 꽃뭉치에는 두 가지 모양의 꽃이 있다. 작은 꽃이 옹기종기 모여 있는 중앙부 옆으로 그보다 큰 잎을 갖고 있는 꽃들이 마치 중앙부 꽃들을 호위하고 있는 것처럼 핀다. 이런 독특한 색과 모양의 꽃 덕분에 정원수로 많이 심어진다. 하지만 꽃잎이 큰 호위병 꽃은 꽃이 아니라 잎이 변한 것이다. 작은 꽃들을 모아놓은 것만으로 꿀벌의 시선을 끌기 어렵다고 생각했는지, 잎을 꽃 모양으로 만들어 꽃 주변에 배치해놓았다. 다르게 생각하면 모든 꽃에 꿀과 꽃가루를 만들지 않고서도 꿀벌을 효과적으로 유인하니, 오히려 자원을 절약했다고 볼 수도 있겠다. 봄에 잎 위로 피어나는 산딸나무의 흰 꽃도 잎이 변한 것이다. 산딸나무는 딸기 같은 모양의 열매가 맺힌다고 해서 산딸나무라고 부르는데, 커다란 네 개의 잎은 영락없는 꽃 모양이다. 이 헛꽃 역시 진짜 꽃을 호위한다. 개다래는 꽃이 필 때가 되면 잎이 흰색으로 변한다. 꽃 색깔과 더해져 멀리서 봤을 때 더 많은 꽃이 피어 있는 것처럼 보인다. 꽃이 지면 잎 색깔도 다시 녹색으로 돌아간다. 이렇게 꽃이 아닌 기관을 꽃인 척해서 꽃을 더욱 돋보이게 만드는 식물이 우리 주변에 여럿 존재한다.

산수국(위)과 산딸나무(아래)의 헛꽃

꽃 필 무렵 흰색으로 변한 개다래의 잎

산수국 꽃이 피면 가까이서 들여다보게 된다. 독특한 꽃의 모양새는 내 눈길을 끌었다. 진짜 꽃이 아닌 것이 그 독특한 모양을 만들어냈음을 알고 난 이후에도, 산수국의 헛꽃을 포함한 꽃 뭉치를 볼 때 여전히 꽃을 보는 마음으로 바라보았다. 사실 그게 구조적으로 꽃이나 잎이나는 별로 중요하지 않을 수도 있다. 둘 다 하는 역할은 비슷하다. 그냥 분류하고 구분하기 좋아하는 인간들에 의해 누구는 꽃으로, 누구는 잎으로 규정되는지도 모르겠다.

낮에 오므리는 나팔꽃

식물의 감각

출근길에 철제 울타리를 용케도 감고 올라가는 나팔꽃을 보았다. 나팔꽃에서는 왠지 동심이 느껴진다. 어릴 적 동화책에 자주 등장했던 나팔꽃은 은연중에 어린이들의 꽃이란 인식이 박혔는지, 어른이 되어서는 나팔꽃을 제대로 본 적도 없고 그 꽃의 이름을 말한 적도 없는 것 같은데 친근하게 느껴진다. 출근길 철제 울타리를 감고 올라가는 꽃을 보았을 때 대번에 나팔꽃이라는 생각이 들었다. 어려서 동화책에서 많이 보아서 그런지, 아니면 이름과 꽃 모양이 너무 잘 어울려서 그런지.

퇴근길 버스에서 내릴 때 아침에 보았던 나팔꽃이 떠올랐다. 나팔꽃이 있나 주위를 둘러보며 집으로 향했다. 분명 이 근처였던 것 같은데 꽃을 찾지 못했다. 졌나?

다음 날 아침, 어제 아침에 보았던 그 자리에 나팔꽃이 피어 있었다. 아무래도 밤늦은 시간이라 제대로 보지 못했나 보다.

또다시 퇴근길, 이번엔 좀 더 꼼꼼하게 주위를 살피며 집으로 갔다. 또 나팔꽃이 보이지 않았다. 졌나? 순간 꽃잎을 잔뜩 오므리고 있는 나팔꽃이 보였다. 아… 나팔꽃은 아침에만 피었지. 그래서 영어 이름도 모닝글로리라지. 어렸을 적 배웠던 것이 떠올랐다. 내가 위치를 잘못 기억해서 못 찾은 것이 아니었다. 순간 내 단기 기억력이 그렇게까지 걱정할 단계는 아니라는 안도감과 나팔꽃이 오후부터는 꽃잎을 오므린다는 사실을 떠올리지 못한 장기 기억력에 대한 걱정이 동시에 밀려왔다. 그래도 뭐, 오므린 꽃을 보고는 금방 생각났으니까.

낮에 피는 꽃, 밤에 피는 꽃

그런데 낮에 피고 밤엔 오므리는 꽃이 나팔꽃만은 아니었다. 상당히 많은 수의 꽃이 밤엔 꽃잎을 오므린다. 봄날 두 장씩 겹친 예쁜 꽃잎을 피우는 쇠별꽃도 밤이 되면 꽃잎을 오므린다. 물에서 피는 수련의 '수'는 '물 수(水)'가 아니라 '졸음 수(睡)'이다. 낮에는 활짝 피었다가 밤이 되면 잠을 자는 것처럼 꽃잎을 오므린다고 해서 붙은 이름이다. 반대로 달맞이꽃은 밤에 피고 아침에 진다. 꽃이 밤과 낮을 구분해서 피는 이유는 꽃이 왜 존재하는가를 생각해보면 쉽게 유추해볼 수 있다. 꽃은 식물의 생식기관이다. 곤충이나 새를 이용해 꽃가루받이를 한다. 곤충이나 새를 불러들여야 하니 꿀도 만들고 향도 만들고 색도 만드는 것이다. 그렇다면 낮에

아침에 피었다 낮에 오므리는 나팔꽃.

낮에 피었다 밤에 오므리는 쇠별꽃.

피는 꽃의 꽃가루받이를 도와주는 곤충은(주로 곤충이니 곤충이라고 하자) 낮에 활동하는 곤충이고, 밤에 피는 꽃의 수정을 도와주는 곤충은 밤에 활동하는 곤충일 것이다. 실제로 나팔꽃의 수정을 주로 담당하는 녀석은 꿀벌이다. 꿀벌은 주행성이다. 그러니 나팔꽃은 낮에 피어 있어야 한다. 밤에 피는 달맞이꽃의 수정을 주로 담당하는 녀석은 밤에 움직이는 나방이다. 그러니 달맞이꽃은 밤에 피는 것이다. 식물과 곤충은 서로 강한 연관을 맺으며 공진화해왔다. 꽃은 의식적으로 특정 곤충을 수정의 파트너로 선택하지는 않지만, 오랜 진화의 과정을 거치며 서로에게 도움을 주는 꽃과 곤충이 함께 살아남았다. 밤에 활동하는 야행성 나방이나 딱정벌레 중에서도 꿀이나 꽃가루를 좋아하는 녀석들이 있을 것이니 그들과 함께 진화한 식물들은 밤에 피는 것을 선택할 수 있다. 밤에는 잘 안 보일 터이니 밤에 활동하는 곤충들에게 후각은 매우 중요한 감각이겠다. 밤에 피는 꽃은 대체로 강한 향기를 뿜어낸다.

낮에 세우는 잎, 밤에 세우는 잎

낮과 밤에 따라 달라지는 건 꽃뿐이 아니다. 칡은 한여름, 너무 더운 한낮이 되면 잎을 세우고 광합성을 쉰다. 태양 빛이 강하면 광합성에 좋을 것 같지만 너무 강한 태양 빛은 광합성에 별로 좋지 않다. 때로는 강한 태양 빛 때문에 광합성 장치가 고장 날 수도 있고, 뜨거운 열도 문제가 될 수 있다.

광합성을 하기 위해서는 공기 중에 있는 이산화탄소를 흡수해야 한다. 이산화탄소는 기공을 통해 들어오므로 광합성을 할 때는 기공이 열린다. 기공이 열리면 증산작용이 일어난다. 이에 따라 식물 몸속에 있는 수분이 증발한다. 온도가 너무 높으면 증산작용이 너무 빨라져 날아가는 수분만큼 뿌리에서 즉각적으로 수분이 보충되기 어려울 수도 있다. 그러니 광합성을 계속하게 되면 식물이 말라 죽을 수도 있는 것이다. 한여름 한낮 햇빛이 강렬할 때, 쥙은 잠시 쉬는 것을 택한다. 기공을 닫고 광합성을 중단한다. 하지만 이럴 경우 또 다른 문제가 생긴다. 증산작용은 사람이 땀을 흘려서 체온을 조절하는 것처럼 한여름 뜨거워진 식물의 몸을 식혀주는 역할도 한다. 증산작용이 멈추면 식물의 몸은 뜨거워질 수 있다. 그러니 잎을 세워 모아 햇빛이 닿는 면을 줄인다. 그러면 조금이나마 식물의 온도가 올라가는 것을 막을 수 있다. 어차피 광합성도 안 하는 판국이니 햇빛은 안 받아도 되지 않은가.

반대로 쑥은 밤이 되면 잎을 세운다. 시즈오카대학의 이나가키 히데히로稲垣栄洋 교수는 『풀들의 전략』이라는 책에서 쑥의 원산지가 건조 지대였으며, 그곳에서 적응한 특성 때문에 지금도 밤에 잎을 세운다고 설명한다. 건조한 곳은 밤에 기온이 많이 내려가 잎을 세워 모아 체온을 유지한다는 것이다. 어차피 밤에는 광합성을 하지 않으니 꽤 괜찮은 전략이었을 것 같다. 그것이 지금 한반도에서도 유용한 전략인지는 모르겠지만.

식물의 감각

식물은 다양한 감각을 통해 주변을 측정하며 반응하고 움직인다. 정적인 생명체처럼 보이지만 식물은 주변 환경을 끊임없이 탐

밤이 되면 잎을 세우는 쑥.

색하고 그에 맞춰 자신의 몸을 움직임으로써 생존과 번식의 확률을 높여간다. 그 결과 식물은 온 땅을 뒤덮은 생명체로 살아남았다. 식물의 감각 중 많은 것이 태양과 관련이 있다. 태양 빛이 많은 곳을 알아내는 능력과 그곳을 찾아 움직일 수 있는 능력은 식물에겐 필수적이다.

동네에서 향나무를 보면 태양이 주로 비치는 방향이 어디인지 쉽게 알 수 있다. 보통 동네에 심어놓은 향나무는 둥근 모양을 만들기 위해 전정을 하는데, 전정을 한 후 새로 나오는 향나무 잎은 태양이 주로 비치는 방향으로 자란다.

산길을 가다 보면 나무들이 길을 향해 가지를 뻗은 것을 볼 수 있다. 나무가 빽빽한 숲 쪽을 피해, 햇빛을 나눌 경쟁자가 없는 곳에 나뭇잎을 펼쳐놓기 위함이다. 우리나라 사람들이 남향집을 선호하는 이유는 햇빛이 잘 들기 때문이다. 식물도 마찬가지인데, 이를 근거로 산에서 길을 잃었을 때 나무가 자란 방향을 보면 방위를 알 수 있다고 가르치곤 했다. 하지만 꼭 그렇지만은 않다. 남향이 아무리 좋다 하더라도 집 남쪽에 딱 붙어 있는 다른 건물이 있다면 창문을 동쪽에 낼 수도 있다. 그쪽을 통해 햇빛이 더 많이 들어온다. 나무도 마찬가지이다. 나무가 받을 수 있는 햇빛의 양은 방위에만 영향받지 않는다. 주변의 지형, 다른 경쟁자들의 생장 상태 등에도 영향받는다. 그런 것 다 고려해서 방향을 잡아야 한다. '남쪽'이라는 변수는 다양한 변수 가운데 하나일 뿐이다. 그러니 나무가 자라는 모양만을 보고 산속에서 방위를 판단하는 것은 어리석은 일이다.

등산로에 햇빛이 비친다. 나무가 감지한다. 줄기 끝에 있던
옥신auxin이라는 호르몬이 햇빛의 반대 방향으로 이동한다.
옥신은 식물의 생장을 촉진시킨다. 햇빛이 비치는 반대쪽으로
이동한 옥신은 그쪽 줄기의 생장을 촉진한다. 줄기는
불균등하게 자란다. 햇빛 반대쪽 줄기가 더 많이 자라는 바람에
결과적으로 줄기는 햇빛을 향해 자라게 된다. 나무는 광합성을
더 많이 할 수 있게 됐고, 자신의 생장과 번식에 더 많은
에너지를 쓸 수 있게 됐다.
등산로에 햇빛이 비친다. 뱀은 추위를 느끼고 있다.

햇빛을 향해 기어간다. 몸이 따뜻해질 때까지 햇빛을 쬔다.
이제 뱀은 움직일 수 있다. 몸이 차가울 때는 제대로 움직이지 못해 잡지 못했던 개구리를 한 마리 잡았다. 뱀은 더 많은 에너지를 얻을 수 있게 됐고, 자신의 생장과 번식에 더 많은 에너지를 쓸 수 있게 됐다.
나무는 그저 호르몬의 작용에 의해 변화한 것이고, 뱀은 판단한 후에 행동한 것으로 보이는가?

가을

19

귀뚤귀뚤 귀뚜라미 울음소리

한낮 온도가 30도를 오르내려도, 9월은 여름이라 부르기 꺼려진다. 낮에는 덥기 때문에 가을을 받아들일 수 없는 사람들에겐 아침 일찍 일어나길 권한다. 8월과는 다른 아침을 맞을 것이다. 이른 아침 길을 걷다 보면, 풀잎에 맺힌 이슬을 볼 수 있다. 이슬은 한낮 온도가 아무리 높아도, 밤이면 온도가 내려간다는 사실의 증거물이다. 24절기 중 15번째 절기인 백로가 9월 초에 있다. 백로는 흰 이슬이라는 뜻으로, 이 무렵부터 아침 이슬이 맺힌다.

24절기는 태양의 움직임과 관련이 있다. 하지는 낮의 길이가 가장 긴 날이고 동지는 밤의 길이가 가장 긴 날이다. 춘분과 추분은 밤의 길이와 낮의 길이가 똑같은 날이다. 예로부터 사용하던 절기라서 왠지 음력과 관련이 있을 것 같지만 24절기는 태양의 움직임에 따라 정해진다. 백로에서 2주 정도가 지나면 추분이 온다. 백로는 가을이 시작된다는 입추 이후 세 번째에 위치한 절기이다. 우리는 잘 느끼지 못했지만 가을은 와 있다. 입추는 8월 8일 무렵이다.

7월 말에서 8월 초는 여름의 절정이다. 더 정확히 말하면 여름 휴가의 절정이다. 모두가 한데 얽히고설켜 살아가는 우리나라 사람들은 휴가도 같은 시기에 떠난다. 협력업체의 휴가 일정도 살펴야 하고 아이들의 방학도 살펴야 한다. 학교 방학은 그나마 길지만 학원 방학은 7월 말에서 8월 초 사이에 몰려 있다. 어린이집이나 유치원에 다니는 아이가 있다면 그 아이의 방학도 7월 말에서 8월 초 사이일 것이다. 그러니 모두가 길이 꽉꽉 막히는 줄 알지만 동시에 휴가를 떠난다.

앞에서 살펴본 것처럼 한여름이라 생각하는 8월 초는 절기상 입추가 있는 때이다. 아직 땅이 뜨겁지만 곧 식을 것이다. 낮의 길이가 가장 긴 하지는 왠지 여름의 한가운데에 있을 것 같지만 초여름인 6월 22일경에 있다. 우리가 한여름으로 생각하는 시기보다 한 달 정도 빠르다. 태양이 정점에 떠 있다고 해서 그 영향이 바로 땅의 온도로 이어지진 않나 보다. 6월 말부터는 낮의 길이가 짧아지지만, 땅에 축적되는 태양의 에너지는 아직 정점을 향해 나아가고 있다.

농사를 짓기 위해 만들어놓은 절기이지만, 도시에 살고 있는 우리도 뉴스와 신문을 통해 때마다 절기 소식을 접한다. 실생활에 직접적인 영향이 없다 보니, 듣기는 많이 들어도 절기가 어떻게 구성되는지 잘 알지 못한다. 계절은 사계절이고 절기는 24절기이니,

각 계절마다 여섯 개의 절기가 있다. 각 계절을 여는 절기의 이름에는 '입(立)'자가 들어간다. 입춘, 입하, 입추, 입동. 입춘은 2월 4일, 입하는 5월 6일, 입추는 8월 7일, 입동은 11월 7일 무렵이다. 우리가 생각하는 계절의 시작보다 한 달 정도가 빠르다. 각 계절의 네 번째에 해당하는 절기는 밤낮의 길이와 관계가 있다. 춘분은 3월 21일, 하지는 6월 22일, 추분은 9월 22일, 동지는 12월 22일 무렵이다.

큰 더위와 큰 추위를 뜻하는 대서와 대한이 절기상 각 계절의 가장 마지막에 있는 것도 흥미롭다. 대서는 7월 23일경, 대한은 1월 20일경이다. 대서와 대한이 지나면 입추와 입춘이 온다.

가을의 절기는 수증기의 응결과 관련 있는 것이 많다. 백로는 흰 이슬이라는 뜻으로, 이때부터 이슬이 맺힌다. 한로는 찬 이슬이 맺히는 시기라는 뜻이며 상강은 서리가 내리기 시작한다는 뜻이다. 가을 여섯 개 절기에서 입추와 추분을 제외한 네 개의 절기 중 세 개가 이렇게 수증기의 응결(이슬과 서리)에 관한 것이다. 나머지 하나인 처서는 입추와 백로 사이에 있는데 이제 더위가 그친다는 뜻이다.

겨울 여섯 개의 절기로는 입동과 동지 사이에 소설과 대설, 동지 이후에 소한과 대한이 있다. 눈이나 추위와 관련된 말이다. 동지 다음에 소한과 대한이 오는 것처럼, 하지 다음에 소서와 대서가 온다.

농사를 짓기 위해 만든 24절기는 도시에서 사는 사람들에게 별 영향을 주지 않는다. 하지만 태양의 움직임과 관련이 있는 24

절기를 아는 것만으로도 우주적 흐름을 이해하며 살아가는 듯한 느낌이 든다. 또 많은 동식물이 절기에 맞춰(사실은 태양의 흐름에 맞춰) 살아간다. 현대 도시인들에게는 익숙하지 않은 절기이지만, 또 자주 들어도 그때가 그때인 것 같은 절기이지만, 앞에서 살펴본 것처럼 어느 정도의 규칙성이 있기 때문에 한번 외워봐도 그리 어렵지는 않다. 또 절기에서 말하는 계절의 시작, 낮과 밤의 길이 변화 등을 알고서 살아보는 것도 꽤 괜찮지 않은가?

어쨌든 9월 초는 가을이다. 벌써 한 달 전에 입추였으니 말이다.

24절기

계절	절기	시기
봄	입춘	2월 4일 또는 5일
	우수	2월 18일 또는 19일
	경칩	3월 5일 또는 6일
	춘분	3월 20일 또는 21일
	청명	4월 4일 또는 5일
	곡우	4월 20일 또는 21일
여름	입하	5월 5일 또는 6일
	소만	5월 21일 또는 22일
	망종	6월 5일 또는 6일
	하지	6월 21일 또는 22일
	소서	7월 7일 또는 8일
	대서	7월 22일 또는 23일
가을	입추	8월 7일 또는 8일
	처서	8월 23일 또는 24일
	백로	8월 7일 또는 8일
	추분	9월 23일 또는 24일
	한로	10월 8일 또는 9일
	상강	10월 23일 또는 24일
겨울	입동	11월 7일 또는 8일
	소설	11월 22일 또는 23일
	대설	12월 7일 또는 8일
	동지	12월 21일 또는 22일
	소한	1월 5일 또는 6일
	대한	1월 20일 또는 21일

귀뚤귀뚤 귀뚜라미 소리

"아직 더운데 무슨 가을이냐!"라고 외치는 사람도 귀뚜라미 울음소리를 들려주면 꼬리를 내리며 가을임을 인정하게 된다. 아무렴 귀뚜라미가 사람보다 더 정확하게 가을을 감지하고 울어대지 않겠나. 귀뚜라미 울음소리는 가을을 상징하는 소리이다. 귀뚜라미는 8월 중순이 되면 울기 시작하니, 귀뚜라미가 운다고 해서 꼭 가을은 아니다. 하지만 그때는 이미 입추가 지났으니 8월 중순도 가을이라 할 수도 있다. 철모르는 건 귀뚜라미인가 도시에 사는 인간인가?

귀뚜라미는 날개를 부딪쳐 소리를 낸다. 그 소리는 참 아름답다. '벌레'라는 단어는 사람들의 눈살을 찌푸리게 하지만, 벌레 앞에 '풀'이란 단어를 붙이면 미소가 지어진다. '풀벌레'라는 단어는 자연스럽게 '소리'라는 단어를 연상시킨다. '풀벌레 소리'는 단순한 소리를 넘어서 어떤 풍경과 기억을 만들어준다. 여름철 목청이 터질 것 같은 매미 소리는(물론 매미는 배 끝으로 소리를 내니 목청이 터지진 않는다. 하지만 목청이 터질 것 같다) 여름과 참 잘 어울리는 느낌이다. 귀뚜라미를 비롯한 풀벌레들의 울음소리는 가을 풍경 그 자체이다. (사실 많은 풀벌레는 여름에도 운다. 하지만 우리는 가을을 떠올린다.) 우리가 살고 있는 공간에서, 점점 커져가는 매미 소리와는 달리 가을철 풀벌레 소리는 점점 사라져간다. 풀벌레 우는 가을 풍경을 아이와 나누지 못할 것 같아 아쉽다. 이제 나와 내 아이는 서로 다르게 가을을 떠올릴 것이다.

귀뚜라미 한 마리가 애써 밤새 소리를 내면, 누군가는 그 소리를 들을 것이다. 듣는 이 없이 내는 소리는 공허하다. 곤충(성충)이 무엇인가를 엄청 열심히 한다면 그것은 짝짓기와 관련이 있을 가능성이 높다. 여러 번 이야기하지만, 성충의 존재 이유는 짝짓기이다. 제대로 짝짓기하기 위해서 밤새 날개를 비비는 것 따위는 일도 아니다. 날개를 비비는 것은 수컷 귀뚜라미이다. 그 소리를 듣고 암컷 귀뚜라미가 온다. 곤충은 암수가 서로의 짝을 찾기 위해 다양한 방법을 쓴다. 메뚜기목의 곤충들은 주로 소리를 이용한다. 귀뚜라미는 메뚜기목 귀뚜라미과에 속한다. 그런데 귀뚜라미의 귀를 본 적이 있는가?

곤충의 청각

소리를 이용해 짝을 찾는 메뚜기목 곤충들은 고막이 잘 발달한 것으로 유명하다. 귀뚜라미를 비롯한 많은 메뚜기목 곤충의 고막은 앞다리에 있다. 그러니 메뚜기가 안 들었으면 하는 이야기를 메뚜기 앞에서 할 때는 얼굴 옆을 가려봤자 소용없다. 앞다리를 살며시 잡아야 한다. 고막의 위치가 거의 비슷한 포유류(포유강)와 달리 곤충(곤충강)의 고막은 종에 따라 위치가 다양하다.

페니 걸런P. J. Gullan과 피터 크랜스턴P. S. Cranston이 쓴 『곤충학』에는 곤충의 고막 위치가 아래와 같이 정리되어 있다.

사마귀는 뒷다리 사이의 배가슴.

많은 밤나방과 나방은 뒷가슴.

많은 메뚜기목의 곤충은 앞다리.

어떤 메뚜기목과 매미, 일부 나방과 딱정벌레는 배.
어떤 나방과 풀잠자리는 날개 기부. 일부 파리는 전흉복판.
몇몇 풍뎅이류는 목.

곤충은 고막을 통해 소리를 듣기도 하지만 고막을 통하지 않고 몸으로 바로 느끼기도 한다. 후각과 미각이 화학적 자극을 읽어내는 방법인 것처럼, 청각과 촉각은 모두 기계적인 자극을 읽어내는 감각이다. 몸에 무엇이 닿았을 때 촉각으로 느끼는 것처럼 공기의 일정한 파동이 몸의 특정 부위(인간은 귀의 고막)에 닿았을 때 청각으로 느낀다. 그러니 몸으로 소리를 느낀다는 것이 그리 이상한 것은 아니다(사람도 록 콘서트장의 스피커에서 중저음이 나오면 그 진동을 온몸으로 느낄 수 있다).

배추밤나비 애벌레는 다른 소리는 잘 듣지 못하지만 가까이에서 나는 150헤르츠의 소리에 최적으로 반응한다. 배추밤나비 애벌레의 몸속에 알을 낳는 기생벌들이 내는 소리가 150헤르츠에 해당된다. 배추밤나비 애벌레에게 기생벌의 접근을 알아차리는 것은 생존에 매우 중요하다. 배추밤나비 애벌레가 기생벌의 근접 비행 소리를 듣는 기관은 귀가 아니라 가슴털이다. 귀뚜라미도 몸에 작은 털들이 있어 포식자들이 가까이 왔을 때 공기의 흐름을 느낀다.

이렇게 몸에 있는 소리 감지장치는 가까운 곳에서 나는 소리를 듣는 데 유용하다. 하지만 멀리서 오는 소리를 들을 때는 제대로 작동하지 않는다. 그러니 짝짓기할 때 멀리서 수컷이 내는 소리를 들을 때는 몸으로 느끼는 것보다는 고막을 활용하는 편이 낫다. 귀뚜라미의 몸에 가까운 소리를 느끼는 작은 털이 있어도 앞다리에 고막이 필요한 이유이다.

어떤 곤충들은 박쥐가 사냥할 때 내는 초음파를 듣고 박쥐를 피하기도 한다. 곤충의 청각 범위는 인간의 청각 범위를 뛰어넘는다. 인간이 20에서 2만 헤르츠의 소리를 듣는 것에 반해, 어떤 곤충들은 1에서 2헤르츠의 저음파부터 100킬로헤르츠에 이르는 초음파까지 들을 수 있다. 물론 이때 듣는다는 것은 인간이 소리를 감지하는(말 그대로 소리의 형태로) 방식으로 듣는다는 것을 의미하지는 않는다.

동물은 생존과 짝짓기를 잘할 수 있는 방향으로 진화했다. 그러니 동물이 소리를 내는 것도 이 두 가지와 관련이 있다. 귀뚜라미를 비롯한 풀벌레들은 짝짓기하기 위해 소리를 낸다. 우리 주변에는 곤충 말고도 매일같이 울어대는 녀석들이 함께 살아가고 있다. 그 녀석들도 생존과 짝짓기를 위해 운다. 바로 새이다.

다른 종, 다른 울음

새의 울음소리는 크게 두 종류로 나뉜다. 하나는 평상시 의사소통을 하기 위해 내는 소리이고, 하나는 짝을 찾기 위해 내는 소리이다. 짝을 찾기 위해 우는 소리는 이성을 부르는 소리이다. 인간 들으라고 우는 게 아닐 텐데 짝을 찾기 위해 우는 소리는 인간의 귀에도 아름답게 들린다. 온 정성을 다해 부르는 노래 같다. 평상시에는 무슨 이야기를 하려고 울어댈까? “밥 먹었니?”, “잘 잤어?”, “오늘은 어디로 놀러 갈까?", 이런 소리를 내는지는 아직 알려지지 않았다. 한 가지 확실히 알려진 소리는 위험을 알리는 소리이다.

명금류(참새목에 속한 노래하는 새. 참새, 박새, 곤줄박이 등)는 천적을 발견하면 "씨-" 하는 높은 음의 소리를 낸다. 높은 음은 작은 새들이 잘 듣는다. 대부분의 천적은 명금류보다 크다. 명금류가 내는 경고음은 같은 명금류들이 더 잘 듣는다. 천적을 발견한 명금류가 내는 소리는 서로 종이 다르더라도 인식할 수 있을 정도로 비슷하다. 천적 앞에서는 공동 운명체로 서로 협력하는 모습이다.

박새, 진박새, 쇠박새, 곤줄박이 등은 모두 박새과의 새들이다. 이 새들은 평상시에는 매우 비슷한 소리로 울어 울음소리만으로는 구분하기가 거의 불가능하다. 하지만 번식기가 되면 모두 다른 소리로 울어댄다. 같은 종 여부를 판단할 때의 기준은, 서로 짝짓기가 가능해서 2세를 낳을 수 있고, 또 그 2세 역시 생식능력을 갖는가이다. 세상의 온갖 개는 그 크기와 모양이 매우 다르지만 모두 짝짓기가 가능하고 새끼를 낳을 수 있는 새끼를 낳는다. 그러므로 모두 같은 종이다. 토끼와 다람쥐는 서로 짝짓기를 할 수 없으니 다른 종이다. 말과 당나귀는 짝짓기가 가능하지만, 그렇게 태어난 노새는 생식능력이 없다. 그러므로 말과 당나귀는 서로 다른 종이다. 라이거를 낳는 사자와 호랑이 역시 같은 이유에서 서로 다른 종이다. 박새와 진박새는 서로 짝짓기하지 않는다. 그들은 비슷하게 생겼지만 서로 다른 종이다. 평상시에는(특히나 천적을 만나 경고음을 낼 때는) 비슷하게 우는 것이 서로에게 도움이 될 수 있다. 그러나 서로 짝을 찾기 위해 울 때는 종마다 소리가 달라야 한다. 그

도시에서 볼 수 있는 명금류. 박새, 곤줄박이, 붉은머리오목눈이, 딱새.

래야 같은 종을 찾아가 짝짓기할 수 있다. 이는 곤충에게도 해당된다. 매미는 모두 비슷하게 우는 것 같지만 종에 따라 다른 소리를 낸다. 베짱이도, 여치도 소리가 다르다.

9월 초순의 가을밤, 아이들과 산책하기 정말 좋은 시간이다.
밤은 점점 길어지고 날은 점점 추워질 것이다. 더 추워지기 전에,
이 선선한 가을밤을 아이와 함께 걸어보자. 아이 손을 잡고
동네를 산책하고, 조용한 곳에 이르면 숨을 죽이고
풀벌레 소리를 들어보자. 그 소리 하나만으로도 아이와 많은
이야기를 나눌 수 있다. 운이 좋다면 30여 종의 귀뚜라미들이
서로 다른 소리로 우는 것을 들을 수도 있을 것이다.

비 온 뒤 피어난 버섯

버섯의 실체

9월이 되면 청명한 가을 하늘을 바로 볼 수 있을 것 같지만, 가을은 그리 쉽게 오지 않는다. 남쪽의 더운 공기가 장마전선을 북쪽으로 올리고 나서 무더위가 오는 것처럼, 북쪽의 찬 공기가 장마전선을 남쪽으로 내리면 찬 공기가 한반도 하늘을 채운다. 그래서 날이 더워지기 전과 추워지기 전, 장마전선이 한반도를 지나간다. 초가을은 강력한 태풍이 종종 한반도를 지나는 시기이기도 해서 가을장마 때 큰 피해를 입곤 한다. 그 비가 지나고 나면 가을 하늘이 올 것이다. 태풍이 한반도 상공에 축척되어 있던 오염된 공기마저 깨끗이 치워줄 것이니 말 그대로 청명한 가을 하늘이 나타날 것이다. 그렇다고 너무 하늘만 보고 다니면, 비 온 후 마법처럼 올라오는 버섯을 놓칠 수 있다. 숲에서는 쉽게 볼 수 있는 버섯이지만 도시에서는 그렇지 않다. 공원 한쪽의 구석진 자리, 습한 기운이 있는 곳에서 종종 버섯이 나타나지만 관심 있게 살펴보지 않으면 찾기 어렵다. 일단 도시엔 흙이 별로 없으니 숲보다 버섯을 보기 힘든 건 당연하다. 공원을 따로 만들어 흙을 노출시키고 나무를 심긴 하지만 버섯을 일부러 심지는 않으니 또 잘 안 보인다. 버섯의 먹이도 부족하다. 버섯은 식물이나 동물의 사체를 먹고 사는 생태계의 분해자인데, 도시의 공원에서는 생물의 사체가 사람들에 의해 빨리 치워진다. 게다가 버섯은 대체로 수명이 짧다. 잠깐 나왔다가 일주일도 안되어서 사라지기도 한다. 또 도시에서는 버섯이 흔치 않다 보니 어쩌다 버섯이 나와도 사람들이 가만두지 않는다. 그래서 도시에서는 버섯을 보기가 힘들다. 그나마 버섯을 보고 싶다면 비 온 다음 날 흙바닥을 유심히 보고 다니길 권한다. 그때 버섯을 만날 확률이 높다.

비 온 뒤 나무 주변에 원형으로 나온 버섯. 버섯 아래 땅에는 균사가 얽혀 있다.

실로 만들어진 버섯

버섯은 겉보기에는 식물인 것 같지만 실제 삶은 동물과 더 가까워 보인다. 식물은 광합성을 통해 스스로 양분을 만들어내지만 버섯은 그러지 못한다. 버섯은 식물이나 동물을(주로 사체를) 먹는다. 다른 동식물을 먹는 것은 주로 동물이 하는 행위이다. 한곳에 자리 잡고 자라는 것을 보면 식물과 더 가까워 보이지만, 스스로 양분을 만들지 못하고 다른 생명체를 먹고 사니 식물로 구분할 수도 없는 노릇이다. 버섯은 동물도 아니고 식물도 아닌 독자적인 영역에 속한 생명체이다. 4장에서 본 생물의 분류를 다시 한 번 떠올려보자. 꿀벌과 벚나무는 각각 동물계와 식물계로 나뉜다. 버섯은 '계문강목과속종'의 구분 중 첫 번째인 계에서부터 나뉘며 '균계'에 속한다. 동물이나 식물과는 출발부터 다르다. 버섯과 같은 '균계'에 속하는 대표적인 생물은 곰팡이이다. 곰팡이와 버섯은 사촌 관계이다.

버섯과 곰팡이가 사촌 관계라는 게 좀 의아하겠지만 버섯의 실체를 알게 되면 고개가 끄덕여질 것이다. 버섯은 균사로 이루어져 있다. 균사는 말 그대로 실 모양을 하고 있다. 가느다란 실들이 온 숲의 땅속에서 살고 있다. 균사가 덩어리로 많이 모여 있으면 사람들의 눈에 띄기도 하지만 보통은 잘 보이지 않는다. 이 균사가 살고 있다가 적절한 환경이 되면, 식물이 꽃을 피우듯이 버섯을 피운다. 꽃이 식물의 생식기관이듯, 버섯도 균사의 생식기관이라 볼 수 있다. 이는 곰팡이도 마찬가지이다. 곰팡이는 우리 눈에 잘 보이지만 곰팡이가 피었다는 것은 이미 그 안에 우리 눈에 잘 보이지 않은 균사들이 잔뜩 자리를 잡고 있음을 의미한다. 곰팡이도, 버섯도, 우리가 볼 수 있을 때는 이미 그 주변에 균사가 가득 차 있다고 생각해도 좋다.

꽃이 아무리 예쁘고 특이해도 그것을 피워낸 식물과 따로 구분하지 않듯이, 버섯도 그것을 피워낸 균사를 떠나서 생각할 수 없다. 하지만 눈에도 잘 보이지 않는 균사에 대한 연구가 많이 이루어지지 않았고, 균사를 관찰해 어떤 종인지 판단하기도 매우 어렵다 보니 눈에 보이는 버섯에 이름을 붙여 그것을 하나의 종으로 여긴다.

학자에 따라서는 곰팡이를 균류(균계)의 총칭으로, 버섯은 곰팡이 중에 눈으로 식별이 가능한 자실체를 형성하는 무리로 보기도 한다. 버섯과 곰팡이의 구분 자체가 무의미하다고 보는 학자도 있다.

분해자와 원자순환

버섯의 주된 역할은 분해자이다. (생태계에서 버섯이라 할 때 땅 위에 솟아 있는 '버섯'만 생각하면 안 된다. 그 아래에 있는 균사가 버섯의 실체이다.) 숲 바닥에 살면서 동식물의 사체(나뭇잎을 포함한)를 분해한다. 그들이 분해자 역할을 하지 않는다면 숲은 금세 동식물의 사체로 가득할지도 모른다. 동식물의 사체를 분해한다는 것은 단순히 흙 위에 사체가 계속 쌓이는 것을 막는다는 것을 의미하지 않는다. 동식물은 수많은 원자로 구성되어 있다. 이 원자들은 별을 이루었고, 공기를 이루었고, 돌과 흙을 이루었다. 그것이 생물체의 몸을 구성하는 요소가 된 것이다. 공기 중에 이산화탄소가 아무리 많이 있어도 이것이 생물체의 몸을 구성하는 성분으로 전환되지 않는다면 생물에게는 아무 소용이 없다. 공기 중 80퍼센트가 질소이지만 어떤 동식물도 그 질소를 흡수해서 단백질을 만들 수 없다. 대기를 이루는 성분, 흙을 이루는 성분, 물을 이루는 성분들을 생명체를 구성하고 운영하는 요소로 변환시킬 수 있느냐 없느냐는 생명의 탄생에서 매우 중요한 일이다.

이에 못지않게 일단 생명체 안으로 들어온 원자들을 그 생물이 죽었을 때 다른 생물들이 재활용할 수 있는지도 매우 중요하다. 나뭇잎 하나에는 수많은 원자가 있다. 그것을 분해한다는 것은 나뭇잎 안에 있던 원자들을 다른 생명체들의 몸을 구성하거나 운영하는 데 쓸 수 있게끔 변환한다는 뜻이다. 그렇게 생물체들 사이에서 원자의 순환을 가능케 한다는 것은 생태계의 안정적 운영에 매우 중요하다. 버섯은 그 역할을 하는 것이다.

나무와의 공생

보통 사람들에게 친숙한 버섯은 느타리버섯, 팽이버섯, 표고버섯처럼 먹는 버섯이다. 먹지 못하는 버섯에 대해서는 잘 알지 못한다. 버섯은 숲해설가들도 어려워하는 분야이다. 숲에는 굉장히 다양한 생명이 살고 있으니 그것들을 다 아는 것은 불가능하다. 그래서 관심 있는 분야가 생기기 마련인데, 많은 숲해설가는 풀이나 나무에 관심이 많다. 종종 곤충에 관심이 있는 숲해설가가 나타나지만, 버섯을 중심으로 해설하는 숲해설가는 찾기 어렵다. 풀이나 나무, 곤충과 비교했을 때 숲에서 다양한 버섯을 보기는 힘드니 버섯을 중심으로 해설하기가 쉽지 않을 것이다. 하지만 거의 모든 숲 해설가가 (실제로 봤든 못 봤든 간에) 알고 있는 버섯이 있다. 바로 균근이다. 균근은 하나의 버섯 종을 뜻하는 말은 아니고, 나무의 뿌리 부근에 살면서 나무와 공생하는 버섯(역시 버섯 아래 있는 균사를 생각해야 한다. 여기서는 균사가 더 어울리므로 앞으로는 균사라고 하겠다)을 통칭하는 말이다. 이 균사는 나무뿌리 근처에 살거나 뿌리 안에 산다. 스스로 영양분을 만들어내지 못하는 균사는 나무가 광합성으로 만들어낸 영양분을 제공받는다. 그 대가로 땅속의 물과 무기물질을 나무뿌리가 더 쉽게 흡수할 수 있도록 도와준다. 식물성 호르몬을 분비해서 식물의 성장을 촉진시키기도 하고, 해로운 미생물의 공격에서 뿌리를 보호하기도 한다. 서로의 장단점이 확실하니 정말 좋은 파트너가 된다. 이런 버섯 중 가장 유명한 버섯은 송이버섯이다(역시 우리가 먹는 버섯이 유명하다). 송이버섯은 이런 방식으로 소나무와 공생한다.

또 균사체가 나무들 사이의 물질 이동을 돕는다는 연구결과도 있다. 예를 들어 숲의 한쪽에는 빛이 잘 들어오고 한쪽에는 빛이 잘 들어오지 않는다고 가정해보자. 빛이 잘 들어오는 곳에 살고 있는 나무는 광합성을 활발히 할 수 있지만, 그렇지 않은 곳에 사는 나무는 영양분이 모자란다. 이때 흙 속에서 균사가 두 나무를 연결해 부자 나무에 남는 광합성 산물을 가난한 나무에 보내서 둘 다 잘 살 수 있도록 한다는 것이다. 자연은 얼마나 아름다운가!

나무를 죽이는 버섯

도시에서는 흙에서 사는 버섯보다도 나무에서 사는 버섯을 쉽게 볼 수 있다. 흙에서 사는 버섯이 잠깐 나왔다가 사라지는 데 반해 나무에 사는 버섯은 오랫동안 모습을 드러낸다. 버섯은 기본적으로 죽은 생물을 먹는다. 그러니 나무에 버섯이 피었다면 죽은 나무이거나 죽은 가지일 가능성이 높다. 나무가 죽지 않았다면 곧 죽게 될 것이다.

균사는 죽은 세포로 이루어진 나무껍질 부분에 자리를 잡고 이를 분해하며 산다. 그러다가 나무의 물관부와 체관부에 침투한다. 나무의 영양분과 수분을 빨아들이며 그 결과 나무는 죽는다. 나무를 살리기 위해 버섯을 제거해도 소용없다. 이미 눈에 보이지 않는 균사가 나무속에 퍼져 있기 때문이다. 버섯은 말 그대로 빙산의 일각에 불과하다.

아파트단지 가운데 있는 나무 한 그루가 죽어 있다. 버섯이 핀 나무이다.

버섯은 나무와 공생하며 부자 나무와 가난한 나무 모두를 살리는 역할을 한다. 이는 숲의, 자연의 아름다운 공생을 말할 때 흔히 인용된다. 반면에 버섯은 나무를 죽이기도 한다. 숲과 자연은 아름답지만도, 잔인하거나 경쟁적이지만도 않다. 그곳은 삶과 생존의 공간이며, 이를 위해서는 경쟁과 협력도 필요하다. 누군가와 협력하는 것은 누군가와 경쟁하는 것이 되기도 한다. 많은 사람이 숲에서 치유받고 싶어 한다. 자연의 아름다운 공생을 이야기하며 자연을 배우자고도 말한다. 하지만 자연은 꼭 그렇게만 움직이지는 않는다. 자연을 알고 바라보며 영감을 얻고 마음의 안정을 얻는 것은 좋은 일이다. 하지만 그렇게 하기 위해 자연을 한쪽 방향으로 왜곡하는 것은 좋은 습관이 아니다.

21

풀잎에 맺힌 이슬

증산을 통한 물의 순환

가을 아침, 풀잎엔 이슬이 내린다. 차가운 가을 아침 바람은 물을 수증기 상태로 놓아두지 않는다. 차가워진 수증기는 풀잎이나 거미줄, 바위 등을 찾아 물방울이 된다. 아침 온도가 더 내려가면 이슬은 서리가 될 것이다. 물의 강한 극성은 이슬을 물방울 형태로 잎 위에 자리 잡을 수 있게 했다. 다른 액체라면 벌써 흩어졌을 것이다. 이슬은 비가 잘 내리지 않는 가을, 식물들에게 좋은 수분 공급원이다. 하지만 잎 위에 이슬이 뭉쳐져 있어도 이를 흡수할 수는 없다. 식물이 물을 흡수하기 위해서는 물이 뿌리 쪽으로 이동해야 한다. 공기 중의 수증기를 조금씩 모은 이슬은 점점 크기가 커지고, 그 무게를 이기지 못해 땅으로 떨어진다. 어떤 이슬은 그 주변을 지나가던 메뚜기나 귀뚜라미의 발에 치여 땅으로 떨어지기

백로 아침, 풀잎 끝에 맺힌 이슬.

광화문광장이 조성되면서 광화문 일대에 노출된 흙의 양이 줄어들었다.
홍수가 잦아지자 서울시는 인도 사이에 흙을 노출시켜 빗물의 흡수를 꾀했다.

도 한다. 태양이 하늘 위로 솟을 때가지 땅에 떨어지지 못한 이슬은 다시 대기 중으로 사라질 것이다. 땅에 떨어진 이슬은 지구가 끌어당기는 대로, 점점 지구 중심으로 끌려 들어간다. 하지만 지구가 끌어당기는 것을 흙이 가만히 보고만 있지는 않는다. 흙은 자신의 몸에 물을 가둬 촉촉한 상태가 된다. 우리 주변에서 흔히 볼 수 있는 점토 형태의 흙은 부피의 40퍼센트에 해당하는 물을 저장할 수 있다. 하지만 모래 위에 떨어진 이슬은 모래에 흡수되기 어려울 것이다. 모래는 부피의 3퍼센트 정도의 물만을 가둬둘 수 있다. 흙에 잡히지 않은 물은 계속해서 지구 중심을 향해 내려간다. 내려가던 길에 암석을 만나면 더 이상 내려가는 것을 멈추고 옆으로 흐르다가 다른 물을 만나 지하 심층수가 된다. 이 물은 수백만 년 동안 지하에 머물 수도 있고, 수일 안에 인간에 의해 끌어 올려져 생수통으로 들어갈 수도 있다.

흙에 잡힌 물은 식물 뿌리의 레이더망에 걸린다. 뿌리는 물을 찾는 데 선수이다. 식물 뿌리의 근간을 차지하는 굵은 뿌리는 식물의 튼튼한 지지대가 되어 줄기가 태양을 향해 나아가는 데 밑바탕이 되어주고, 굵은 뿌리 옆에 촘촘히 나 있는 가는 뿌리는 물을 찾는다. 화분을 갈아줄 때 잔뿌리를 다치게 해서는 안 되는 이유가 여기에 있다. 뿌리 근처에서 식물과 함께 살고 있는 균근도 힘을 모은다.

뿌리가 물을 찾아내서 빨아들인 다음 단계는 물을 몸체로 올려 보내는 것이다. 뿌리가 빨아들인 물은 물관을 통해 식물의 줄기와 잎, 꽃으로 이동할 것이다. 이렇게 이동하는 것은 순수한 물이 아니다. 그 물속에는 식물의 생명작용에 필요한 무기물이 녹아 있다. 물의 강한 극성은 무기물을 이온 상태로 분리해 녹여버린다. 물은 지구에 존재하는 최고의 용매이다. 물과 무기물은 중력을 이겨내고 물관을 따라 위로, 위로 올라간다. 잎은 증산작용을 통해 물을 공기 중으로 날려버린다. 그렇게 날아간 물의 빈자리를 뿌리부터 올라온 물이 채워나간다. 증산작용은 물을 뿌리에서 잎으로 끌어 올리게 한다. 이는 에너지가 드는 작업이 아니다. 만약 식물이 막대한 에너지를 사용해 물을 끌어 올렸다면 식물의 삶은 더욱 고단해졌을 것이다. 이슬이 물방울 형태로 맺힐 수 있게 했던 물의 강한 극성은 식물이 에너지를 사용하지 않고 물을 잎으로 끌어 올리는 데에도 역할을 한다. 덕분에 물 안에 녹아 있던 무기물질도 식물체 전체로 퍼져나갈 수 있다. 식물은 증산작용을 통해 높아진 체내 온도도 낮춘다. 사람이 땀을 흘리는 것과 비슷하다. 만약 무더운 한낮에 증산작용을 하지 않는다면 식물의 잎은 타들어갈지도 모른다.

증산작용은 잎 뒷면 기공을 통해 이뤄진다. 증산작용을 하려면 기공을 열어두어야 하고, 멈추려면 닫아두어야 한다. 기공은 수증기의 주된 통로일 뿐 아니라 이산화탄소의 주된 통로이기도 하다.

이산화탄소는 광합성의 원료이니 광합성을 하려면 기공을 열어야 한다. 그러면 증산작용을 통해 물이 식물체 바깥으로 빠져나간다. 그리고 뿌리에서 물이 올라온다. 조건이 좋다면야 이런 식의 운영은 별문제가 없다. 하지만 물이 부족한 환경에서는 광합성을 하는 것보다 물을 지키는 것이 생존에 더 유리할 수도 있다. 이럴 땐 기공을 닫아 물을 지키고 광합성을 포기한다. 새로운 영양분을 만드는 작업은 중단된다. 반대로 물 공급이 원활하고 햇빛이 충분할 경우, 식물은 최대한 기공을 열어 광합성에 적극적으로 나선다.

살고 있는 곳의 물 공급 상태는 식물의 진화에 영향을 미쳤다. 보통의 식물은 기공을 통해 이산화탄소분자 한 개를 얻을 때 물분자 500개 정도를 공기 중으로 내보낸다. 사막에 주로 사는 식물의 경우 이산화탄소와 물의 교환비는 1:250 정도이다. 그 정도 되니 사막에서 살아남는다.

차윤정 박사의 『숲의 생활사』에 따르면 신갈나무 한 그루는 낮 동안 시간당 약 30미터의 속도로 물을 지상으로 펌프질 해, 낮 동안 400리터의 물을 끌어 올린다. 나무는 이렇게 많은 물을 몸속에 담아놓기도 하고 공기 중으로 뿜어내기도 한다. 자기 부피의 40퍼센트에 해당하는 물을 머금는 흙, 그 흙 속의 물을 자기 몸속으로 끌어 올리는 나무는 많은 양의 물을 담아낸다. 숲을 자연의 댐이라 부르는 이유가 여기에 있다.

숲에 있는 많은 나무는 이렇게 물을 대기 중으로 뿜어댄다. 나무들이 뿜어댄 수증기는 바다나 강의 표면에서 올라온 수증기와 함께 구름이 될 것이다. 가을 아침이면 이슬이 되기도 하고, 겨울 아침이면 서리가 되기도 할 것이다. 그렇게 땅으로 내려온 물은 다시 지구를 여행하다가 언젠가 생명의 몸속으로 들어갈 것이다. 가을 아침, 풀잎에 앉은 이슬 한 방울은 어떤 생명의 몸속에 있던 물일 것이다.

이른 아침 풀잎에 물방울이 맺혔다고 해서 모두 이슬은 아니다. 밤사이 너무 많은 양의 물을 머금은 풀은 아침에 잎맥 끝으로 물을 배출하기도 한다. 이를 '일액현상'이라고 한다.

손대면 톡 하고 터지는 봉선화

씨앗 퍼트리기

봉선화가 손대면 톡 하고 터진다는 것은 전 국민이 다 아는 사실이다. 현철 아저씨 덕분이다. 아, 어떤 사람은 이 가사는 알고 있었지만 실제로 봉선화가 손대면 톡 하고 터진다는 건 지금 알게 됐을 수도 있겠다. 그럼 손대면 톡 하고 터지는 것은 봉선화의 무엇일까? 꽃일까? 잎일까?

터지는 것은 열매이다. 그 열매는 손대도 터지지만, 메뚜기나 파리가 건드려도, 빗방울이 세게 떨어져도 톡 터진다. 봉선화 열매가 터질 때 열매 안에 있던 씨앗이 발사된다. 봉선화 열매가 터지는 이유는 씨앗을 발사하기 위해서이다. 열매를 터트려 씨앗을 멀리 보내기 위해서는 열매껍질을 탱탱하게 잘 붙잡아두고 있어야 한다. 그러다가 누군가(무언가)가 열매에 닿는 순간, 활시위를 놓

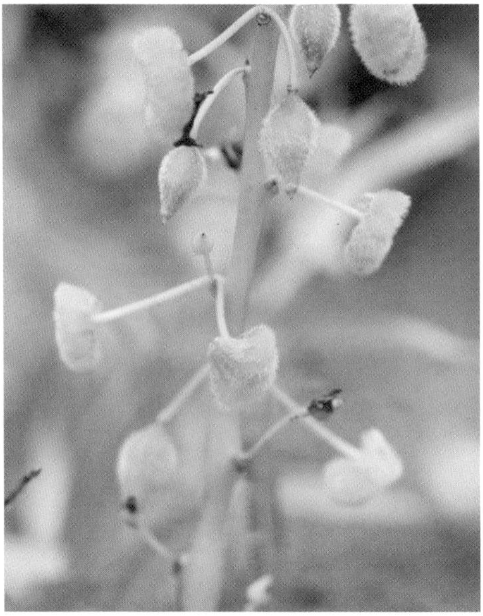

탱탱한 봉선화 열매.
손대면 톡 하고 터진다.

듯 열매껍질을 놓아버리고, 그 힘에 의해 씨앗은 멀리 날아간다.

씨앗을 멀리 보내야 하는 이유

열매를 맺는 것 못지않게, 씨앗을 멀리 퍼트리는 것은 식물에게 매우 중요한 일이다. 식물은 씨앗을 널리 퍼트려 자신의 유전자를 조금이라도 더 많이 남기려 한다. 자신 주변의 땅을 넘어 온 세상에 자손을 퍼트리는 꿈을 한 번쯤 꿔볼 만하지 않은가? 좀 더 현실적으로는 자신과 자식 간의 경쟁을 회피하기 위해서도 씨앗을 멀리 보내야 한다. 같은 종은 같은 먹이를 먹고 산다. 비슷한 생활방식을 갖고 있고, 비슷한 것을 취하며 살아간다. 필요한 것이 비슷하다 보니 서로 경쟁하게 된다. 갓 태어난 아기식물과 엄마식물간의 경쟁에서는 아무래도 엄마식물이 유리할 것이다. 어미 근처에 자리를 잡으면 생존 가능성이 줄어든다. 커다란 엄마나무 바로 아래에서 싹이 튼다면, 엄마의 그늘에 가려 햇빛을 충분히 받지 못해 잘 자라지 못할 것이다. 그리고 엄마나무가 매년 같은 시기에, 자신의 발밑에 영양가가 높은 씨앗을 떨어뜨려놓는다면 그곳은 씨앗을 먹는 동물들의 파티장이 될 것이다. 아무리 씨앗을 지키기 위한 방어물질을 만들어놓아도 그렇게 대놓고 밥상을 차려주면서 씨앗이 살아남기를 바라는 건 무리이다.

스스로 날려버리기

씨앗을 멀리 퍼트리는 데에는 여러 가지 방법이 있다. 물봉선도 봉선화처럼 열매껍질을 탱탱하게 붙잡아두고 있다가 외부의 충격이 왔을 때 씨앗을 발사한다. 제비꽃은 열매가 익으면 세 방향으로 벌어진다. 씨를 담고 있던 부분이 조여지면서 그 안에 있던 씨앗이 발사된다. 스쿼팅 오이는 열매가 익으면 줄기와의 연결 부위가 떨어지면서 좁은 열매 틈으로 물과 함께 씨앗을 발사한다. 이런 식물은 굉장히 적극적인 방법으로 씨앗을 퍼트린다. 누군가의 도움을 받느니 내가 스스로 해결하겠다는 의지가 돋보인다. 하지만 어차피 세상은 함께 살아가는 것. 그렇게 당기지 않아도 세상엔 씨앗을 멀리 퍼트려줄 것들이 무궁무진하게 존재한다. (구글에서 'Unbelievable Footage of Exploding Plants'를 검색해 스미스소니언 채널에서 만든 동영상을 보길 권한다. 위 출연진들의 놀라운 발사 솜씨를 보게 될 것이다.)

바람과 물 이용하기

바람은 오랜 세월 동안 식물이 애용한 운송수단이다. 소나무 같은 풍매화의 꽃가루는 꽃가루받이를 위해 바람에 올라탄다. 소나무는 씨앗을 퍼트리는 데도 바람을 이용한다. 소나무 열매인 솔방울의 틈새에는 날개 달린 소나무 씨앗이 있다. 그 날개는 소나무 씨앗이 바람을 잘 타도록 도와준다. 날개가 달린 씨앗 중 가장 유명한 것은 단풍나무 씨앗이다. 단풍나무 씨앗에는 프로펠러 모양의 날개가 달려 있다. 단풍의 아름다운 잎에 가려 열매를 보지 못한 사람도 많을 것이다. 하지만 계절에 따라 색을 달리하는 프로펠러 모양의 단풍나무 열매를 본다면, 이렇게 예쁘고 큰 열매를 그동안 보지 못한 자신이 미워질 수도 있다. 단풍나무 열매는 바람을 타고 프로펠러를 돌리면서 날아간다. 7장에 등장한, 적게 낳고 잘 키우는 도토리거위벌레도 프로펠러 모양을 이용했다. 도토리거위벌레는 자신의 알이 담긴 도토리가 땅으로 곤두박질치지 않게 참나무 잎사귀 세 개를 함께 붙여 땅으로 내려 보낸다. 숲에서는 프로펠러 모양이 바람을 타기 좋다는 것은 상식인가 보다.

바람을 이용해 씨앗을 멀리 보내는 식물 중에는 민들레가 가장 잘 알려져 있다. 민들레씨앗은 아이들의 좋은 장난감이 되기도 한다. 길가에 핀 꽃을 보고 즐거워하는 아이들이 종종 꽃을 꺾으려 할 때 마음이 불편한 사람들이 있을 것이다. 아이들이 꽃을 꺾을 때, 이것을 그냥 둬야 하나 말려야 하나 고민스럽기도 하다. 하지만 그 꽃이 다 지고, 그 자리가 씨앗으로 바뀌면 그것을 꺾으면서 죄책감을 가질 필요가 없다. 더군다나 씨앗을 꺾어 바람 불어 날려

단풍나무의 아름답고 쓸모 있는 프로펠러 열매.

바람을 이용해 씨앗을 날리는 식물들. 왼쪽 위부터 시계방향으로 지칭개, 붉은서나물, 부들.

보내는 것은 민들레가 원하는 바이다.

민들레 씨앗과 비슷한 모양을 하고, 비슷한 방식으로 씨앗을 바람에 날리는 식물은 많다. 지칭개, 씀바귀, 박주가리 등 많은 풀꽃이 바람을 타고 날아갈 씨앗을 만들어낸다.

공기의 흐름을 이용해 씨앗을 퍼트릴 수 있다면, 당연히 물의 흐름을 이용해 씨앗을 퍼트릴 수도 있다. 물가에 사는 많은 식물은 씨앗을 물 위에 띄워서 퍼트린다. 연꽃과 같이 아예 물 위에 떠서 살아가는 녀석들은 말할 것도 없다. 조경수로도 많이 심는 모감주나무는 바람과 물을 모두 이용할 줄 안다. 풍선처럼 부풀어 있는 열매를 쪼개 씨앗을 꺼내보면 바로 이해할 수 있을 것이다. 작은 나뭇잎 모양의 판 하나에 씨앗이 하나씩 달려 있다. 나뭇잎 모양의 판은 글라이딩용 날개가 되기도 하고, 뗏목이 되기도 한다. 안면도에 있는 모감주나무 군락지는 중국에서 출발해 황해를 건너온 모감주나무 씨앗이 자리를 잡은 곳으로 알려졌다. 제주 구좌읍의 토끼섬은 문주란 씨앗이 태평양을 건너 정착한 곳으로 유명하다.

달라붙기

어떤 식물은 숲에 사는 털 달린 동물이나 털 달린 옷을 입고 숲을 찾는 인간을 이용해 씨앗을 퍼트린다. 도꼬마리 열매가 이 방면에서 유명한 이유는 어린 시절 가지고 놀던 추억 때문일 것이다. 이름도 도꼬마리인데다 여기저기 뿔 달린 모양 때문인지 도꼬마리 열매를 보면 도깨비가 연상됐다. 길가에 서 있는 도꼬마리에서 열매를 따서 지나가던 친구 등에 던져 붙였던 기억은 나만 가진 것

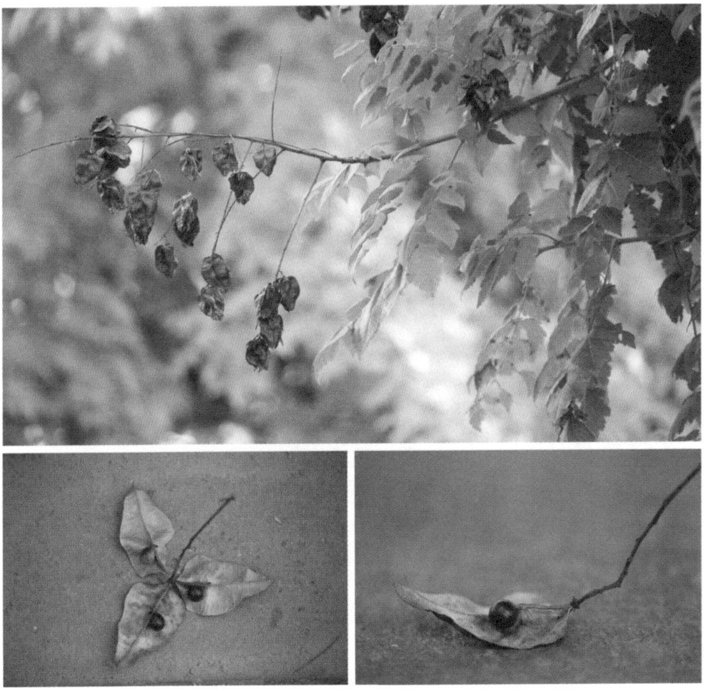

모감주나무 열매.

은 아닐 것이다.

도둑놈의갈고리는 이름 때문에 기억에 남는 풀이다. 열매에 작은 갈고리가 달려 있어 사람의 옷이나 동물의 털에 잘 붙어 붙은 이름이겠지만, 내 생각에는 '도둑놈의안경'이 더 잘 어울릴 것 같다. 열매가 딱 안경 모양인 데다 안경 양쪽 끝이 위로 올라가 도둑놈의 안경처럼 생겼다. 이 풀의 씨앗도 달라붙어 퍼진다. 이렇게 크거나 독특한 열매가 아니더라도 산속엔 달라붙어 이동하는 무수히 많은 풀씨가 있다. 가을에 긴 바지를 입고 산에 한번 갔다 와 보면 대번에 실감할 것이다.

도둑놈의안경? 도둑놈의갈고리! 작은 갈고리를 동물의 털이나 인간의 옷에 걸어 씨앗을 퍼트린다.

배 속 이용하기

우리는 제비꽃이 씨앗에 붙인 엘라이오솜이라는 물질을 임금 삼아 개미를 씨앗배달부로 고용한 사실을 알고 있다(5장 참고). 개미는 제비꽃 씨앗을 가져다 엘라이오솜만 먹고, 온갖 유기·무기물질이 쌓여 있는 쓰레기장에 씨앗을 버림으로써 제비꽃 씨앗의 이동과 발아를 돕는다. 제비꽃은 씨앗 발사와 동물 이용이라는 두 가지 방법을 같이 사용하고 있다. 작은 개미를 이용하다 보니 제비꽃 씨앗이 개미의 배를 통과할 일은 없다. 하지만 많은 식물은 맛좋은 열매를 생산해 동물의 먹이를 자처함으로써 씨앗을 퍼트리고 발아율을 높인다.

과육을 담은 열매들은 동물의 배 속을 이용해 씨앗을 퍼트린다.

작은 열매든 큰 열매든 열매를 만들기 위해서는 많은 에너지가 들어간다. 자신이 생존하기에도 바빠 죽을 지경인 야생의 삶에서 다른 동물을 위해 많은 에너지를 들여 열매를 만들 리 없다. 자연은 그렇게까지 착하지 않다. 에너지를 들여 과육이 담긴 열매를 만드는 것은 그만큼 자신의 생존이나 번식에 효과가 있기 때문이다. 빨리 먹고 씨를 옮겨라. 이것이 열매를 만드는 식물들의 거래 조건이다.

이런 면에서 과육만 잔뜩 먹고 씨는 모조리 쓰레기통에 버리는 인간을 상대하는 나무는 땅을 칠 노릇이다. 그리 힘들게 열매를 만들어놨는데 씨앗은 그냥 버리니. 하지만 그 나무들은 인간의 배를 채워주는 것만으로도 생존과 번식에 효과가 있음을 알지도 모른다. 덕분에 인간은 과실수를 열심히 심고, 가꾸고, 가지를 치고, 약도 치니까.

크고 작은 크기의 열매

공진화

열매를 만들어내는 나무의 의도와는 아무 상관 없이, 사람들은 시각적 즐거움을 위해 아름다운 열매가 열리는 나무를 심는다. 요즘에는 도시 공원에서도 유실수를 많이 볼 수 있다. 커다란 열매가 열리는 나무 중에는 특히 감나무가 많다. 다른 유실수들에 비해 별다른 관리를 하지 않아도 시장에서 바로 팔아도 될 만한 열매가 열리는 것이 장점이다. 공원수를 정하는 기준은 해당 지역과 공원에서의 생육 가능성과 쓰임이다. 그늘을 만들기 위해서는 주로 느티나무가 선택된다. 옆으로 넓게 퍼지는 수형이 그늘을 만들기에 안성맞춤이다. 벚나무는 화려한 봄꽃을 보기 위해, 단풍나무는 아름다운 가을 단풍이 있기 때문에 공원에 심어진다. 감나무는 수형이 특별히 아름답지도 않고 그늘을 만들어주지도 않는다. 꽃이 예쁘거나 눈에 띄지도 않고, 단풍도 평범한 감나무의 최대 무기는 뭐니 뭐니 해도 감이다. 가을이면 주황색으로 곱게 물든 감은 공원을 찾는 사람들에게 가을 정취를 선사한다. 하지만 감나무를 통해 얻을 수 있는 가을 정취의 유효기간은 꽤 짧다. 초여름부터 조금씩 커지는 감은 가을에 주황색으로 익기 전까지는 초록색을 띤다. 나무가 값비싼 비용을 들여 과육이 많은 열매를 맺는 이유는 씨앗을 퍼트리기 위해서이니, 씨앗이 다 준비될 때까지는 열매가 동물의 배 속으로 들어가서는 안 된다. 나무는 씨앗이 제 역할을 할 수 있을 때까지 초록색으로 '떫으니 먹지 마라'라고 신호를 보낸다. 그 신호를 알아차리지 못하고 초록의 열매를 맛본 새는 떫은맛에 몸서리친다. 다시는 초록색 열매에 부리를 대지 않는다. 이 광경을 옆에서 지켜본 경험 많은 새는 실소를 지었을 것이다.

하지만 많은 사람은 초록의 신호든 뭐든 상관없이 공원의 감을 딴다. 호기심에 한입 물어보는 사람도 있고, 애초에 먹을 생각 없이 그냥 딴 사람도 있다. 그래서 가을까지 살아남는 감이 많지 않다. 감이 붉은색의 기운을 막 내기 시작하면 감나무를 향한 사람들의 손길이 늘어난다. 사람의 손이 쉽게 닿지 않는 곳을 빼고는 남아 있는 감이 별로 없다. 그러니 공원의 감나무가 주는 가을 정취는 금세 사라진다. 공원의 감나무는 감을 보라고 심은 것이지 먹으라고 심은 것이 아니니 새에게 양보하자. 그러면 공원의 가을 정취는 오래가고, 까치의 배는 부를 것이다.

아파트 정원에 심어진 대추나무의 대추도 어김없이 사람의 손이 닿지 않는 곳에만 남아 있다. 이팝나무 열매는 워낙에 맛이 없

5월의 버찌(왼쪽. 벚나무 열매)와 오디(오른쪽. 뽕나무 열매). 초록, 빨강, 보라는 나무가 새에게 보내는 신호이다.

아파트 정원의 대추나무. 아직 익어가는 중이지만, 사람의 손이 닿지 않은 대추만 살아남았다.

어 보라색 열매가 그대로 살아남았다. 땅에 떨어진 은행나무 열매를 본 사람들은 혹여나 밟을까 피해 다니기 바쁘고, 그 정도는 쉽게 이겨낼 수 있는 수렵·채집의 본능을 가진 사람들은 줍는다. 울타리로 많이 심어지는 쥐똥나무와 화살나무도 예쁜 열매를 만들어냈지만, 사람들은 울타리에 열매가 맺힐 것이라 생각하지 않는지 잘 살아남았다. 일본매자나무의 붉은 열매 역시 아름답다. 하지만 그 열매를 하나 따려면 열매 주변에 있는 무수히 많은 가시를 피해야 한다. 그건 거의 불가능하니 작은 열매 하나 따려고 기꺼이 손등을 긁힐 사람은 거의 없다.

작은 열매, 작은 새

'화살나무'는 가지 모양이 화살 같아서 붙은 이름이다. 가지가 깃이 달린 화살처럼 보인다. 특이한 모양은 사람들의 관심을 끌어 울타리로 많이 심어졌다. 가을이 되면 화살나무의 잎은 단풍나무 못지않게 붉게 물든다. 붉은 잎 사이로 붉고 작은 열매가 익는다.

일본매자나무의 열매도 붉게 익었다. 붉은색은 먹어도 된다는 신호이다. 화살나무와 붉은매자나무는 비슷한 모양과 크기의 열매를 갖고 있다. 그 열매는 촘촘한 가지와 가시 사이에 있다. 열매를 매달아놓은 모양을 보면 까치나 비둘기를 위한 것은 아닌 것 같다. 그들은 가지와 가시 사이의 작은 열매를 따 먹을 수 없다. 기껏해야 바닥에 떨어진 것 몇 개를 주워 먹을 수 있을 뿐이다. 두 나무가 이런 방식으로 열매를 맺는 것은 그것을 먹을 수 있는 새가 존재하기 때문이다. 몸집과 부리가 작은 새들은 날랜 비행 실력을 더해 가지 틈에 열린 열매를 잘도 따 먹는다. 오랜 진화의 역사는 서로 다른 생물들이 서로 영향을 주고받으며 이어졌다.

다윈의 핀치

서로의 입 모양을 고려하지 않고 자기가 먹기 편한 그릇에 음식을 내온 이야기를 담은 동화 「여우와 두루미」는 서로를 배려하자는 교훈을 담고 있지만 진화 교재로도 매우 쓸 만하다. 여우와 두루미의 입 모양은 그들이 먹는 먹이와 함께 진화했다. 두루미는 접시만 있는 환경에서는 살아남기 힘들지만, 호리병만 있는 환경에서는 살아남을 가능성이 여우보다 높아진다. 접시만 있다면 두루미와 여우의 입장이 달라진다. 그러니 온 세상의 그릇이 접시밖에 없다면 여우만 살아남았을 것이다. 또는 두루미의 부리가 달라졌을 것이다.

위대한 생물학자 찰스 다윈이 진화론을 생각하게 된 계기 중 하나도 바로 먹이와 입의 관계였다. 갈라파고스 섬에는 다양한 종류의 핀치라는 새가 살고 있었다. 그 핀치들은 서로 매우 가까운 관계였지만, 그들이 먹는 먹이에 따라 부리 모양이 달랐다. 딱딱한 씨앗을 먹는 핀치들은 씨앗을 부수기 쉬운 넓적하고 튼튼한 부리를 갖고 있었다. 벌레를 잡아먹는 핀치는 벌레를 잡는 데 유리한 부리를, 꿀을 먹는 핀치는 꿀을 먹기 쉬운 모양의 부리를 갖고 있었다. 먹이에 따라 부리의 모양이 진화한 것이다. 이를 보고 다윈은 생명체가 주변 환경에 따라 생존에 유리한 방향으로 진화한다는 생각을 하게 됐다. 유전자 분석이 가능한 최근의 연구에 따르면

일본매자나무와 화살나무 열매. 어떤 새 먹으라고 이렇게 만들었을까?

다윈이 발견한 갈라파고스섬의 핀치의 부리. 먹이에 따라 그 모양이 다르다.

갈라파고스의 핀치는 200만 년 전에 섬에 정착해서 100만 년 전을 전후로 여러 종으로의 진화가 본격화되었다고 한다.

공진화

다윈의 핀치 이야기에서는 핀치의 먹이에 따라 새의 부리가 진화했다는 것을 살펴보았다. 반대의 입장도 쉽게 생각할 수 있다. 새를 부르는, 씨앗을 퍼트리는 데 새가 필요한 식물은 새가 날아와 앉을 수 있는 튼튼한 가지를 만들어낸다. 가지에 앉아 나무 열매를 먹으려면 열매는 가지에 가깝게 붙어 있는 편이 좋다. 그런 나무들은 가지에 짧게 열매를 달아놓는다. 박쥐가 주로 먹는 열매는 다르게 달려 있을 것이다.

이런 관계는 씨앗을 맺기 전 단계로도 거슬러 올라간다. 꽃을 피우는 많은 식물이 특정 곤충과 합을 맞춘다. 그 곤충에 맞추어 착륙장을 만들기도 하고, 꿀을 보관하는 장소를 만들기도 한다. 반대로 그 곤충도 꽃에 맞추어 그 꽃의 꿀과 꽃가루를 잘 먹기 위한 방향으로 진화한다. 이들은 서로 영향을 주고받으며 함께 진화한다. 이를 '공진화'라고 한다. 식물이 꽃을 피우기 시작하면서, 식물과 곤충이 합을 맞추면서 식물 다양성과 곤충 다양성이 폭발적으로 증가했다.

꽃 없이 과일이 생긴다고 해서 이름 붙여진 무화과는 사실 꽃차례 안쪽에 피어 사람들 눈에 띄지 않을 뿐 꽃이 없지는 않다. 무화과꽃은 사람들의 눈에만 띄지 않는 것이 아니다. 곤충의 눈에도 띄지 않는다. 무화과말벌 빼고 말이다. 무화과말벌은 그곳에 꽃이 있다는 사실을 알고 있다. 밖으로 노출되지 않는 꽃 안으로 들어가 꿀을 먹고, 꽃가루받이의 임무를 다하고, 알을 낳는다. 무화과말벌과 합을 맞추지 않았다면 무화과가 그렇게 과감한 방식으로 꽃을 피울 수 있을까?

공진화는 생물들 사이를 뛰어넘어 생물과 광물 사이에서도 일어난다. 생물들이 산소를 발생하는 광합성을 시작하면서 지구 대기에 산소가 많아졌다. 많아진 산소는 지표면의 광물과 반응하기 시작했고 그 이전에는 없던 새로운 광물들을 탄생시켰다. 지금까지 알려진 약 4,500종의 광물 중 3분의 2가 지구에 산소가 급증한 이후에 만들어졌다. 지구의 광물 다양성은 생명의 진화와 깊은 관련을 맺고 있다. 반대로 지각의 균열과 함께 일어난 급속한 광물의 침식은 광합성 조류에 많은 영양소를 제공해 그들이 번성하게 했다. 그 결과 대기 중의 산소는 더 많아졌고, 그렇게 많아진 산소는 광물 조성에 영향을 주었다. 산소를 매개로 한 것 이외에도 생물과 광물 간의 다양한 공진화에 대한 흥미로운 이야기가 로버트 헤이즌Robert M. Hazen의 『지구 이야기』라는 책에 소개되어 있다. 생물과 광물 간의 공진화에 대해 더 깊이 있는 내용을 알고 싶은 독자들은 이 책을 읽어보길 권한다.

공진화는 특이한 현상이 아니다. 사실 대부분의 진화는 공진화라고 할 수 있다. 모든 생명체는(심지어 무생물도) 서로에게 영향을 주고 서로를 의지하며 살아간다. 혼자 진화한다는 건 애초에 불가능하다.

24

수백 송이 국화꽃

고정관념 또는 기준

가을의 쌀쌀한 날씨는 곤충을 움츠러들게 한다. 곤충에게 쌀쌀함은 추위 이상의 의미를 갖는다. 변온동물인 곤충은 몸의 온도가 일정 수준 이상이 되어야 움직일 수 있다. 가을의 쌀쌀한 날씨엔 활동을 멈춘 곤충이 늘어난다. 상황이 이러하니 가을에 피는 꽃은 얼마 안 되는 곤충에게 강하게 어필해야 한다. 곤충의 눈에 잘 보이는 보라색 꽃이 가을엔 유난히 많이 보인다.

개미취, 쑥부쟁이 등 다양한 국화가 가을에 피어난다. 자칫 꽃 없이 보낼 뻔했던 도시의 정원에는 누군가 심은, 어디선가 날아온 국화가 꽃을 피워 자리를 지켜준다. 매화, 산수유, 벚꽃으로 시작된 온갖 꽃축제는 가을 국화축제로 마무리된다. 단일종이나 두세 개 종의 나무가 꽃을 피웠던 봄꽃축제와 달리 국화축제에는 온갖 종류의 국

곤충이 귀한 가을에는 곤충의 눈에 잘 보이는 보라색 꽃이 유난히 많다. 위는 배초향, 아래 왼쪽부터 닭의장풀, 개여뀌.

화가 모여 있다. 보라색 국화가 가을에 잘 어울리지만, 사람들의 손에 의해 개량된 다양한 색의 국화가 심어진다. 가을의 꽃축제는 국화축제가 거의 유일하다. 국화가 없으면 좀 허전할 뻔했다.

한 송이에 달린 수십 송이의 꽃

수술의 꽃가루가 암술에 닿아 꽃가루받이가 되면 화관이 만들어지고 밑씨에 닿는다. 정자와 난자가 만나 수정이 되고, 씨앗과 열매가 만들어진다. 이렇게 후손을 남기기 위한 식물의 생식기관인 꽃 한 송이는 기본적으로 암술과 수술, 꽃잎과 꽃받침 등으로 구성된다. 벚꽃 한 송이, 찔레꽃 한 송이, 진달래 한 송이를 살펴보면 이 모든 꽃의 구성요소를 볼 수 있다. 국화는 이들과 구조가

가을꽃인 쑥부쟁이(왼쪽)와 봄꽃인 선씀바귀(오른쪽). 모두 국화과로 꽃잎처럼 보이는 것 하나하나가 한 송이의 꽃이다.

조금 다르다. 우리가 볼 때 꽃잎으로 보이는 것 하나하나가 한 송이의 꽃이다. 각각의 꽃잎(처럼 보이는 꽃)은 꽃의 구성요소를 갖고 있다. 그 작은 한 송이의 꽃은 매개하는 곤충의 눈에 띄기 어렵다. 그 어려움을 한데 모임으로써 해결했다. 한 송이의 꽃처럼 보이는 국화는 수십에서 수백 송이의 꽃이 모여 만들어진 것이다. 개미취, 쑥부쟁이 같이 국화축제에 심어지는 가을국화뿐 아니라 민들레, 해바라기, 개망초, 엉겅퀴, 씀바귀, 고들빼기 등도 그런 꽃을 피운다. 그들은 모두 국화과이다.

한 송이의 꽃이라고 의심의 여지 없이 믿었던 것들이 사실은 수십, 수백 송이의 꽃이 모여 만들어진 것이다. 이렇게 우리 주변에는 우리가 고정관념을 갖고 바라본 생물이 많이 있다. 혹여 밟을까 피해 다녔던 은행은 은행나무의 열매가 아니다. 열매는 밑씨를 감싸고 있던 씨방이 변해서 만들어진다. 겉씨식물인 은행나무에는 씨방이 없다. 그래도 여느 속씨식물의 과육이 담긴 열매 못지않은 은행을 만들어냈다. 가을이면 푸른 주목에 붉은 청사초롱처럼 달려 있는 주목 열매도 열매가 아니다. 그것을 가종피라 부르는데, 많은 동물은 주목의 가종피를 좋아하고, 이는 여느 열매처럼 주목의 씨앗을 퍼트리는 데에 도움을 준다. 주목도 은행처럼 씨방 없이 훌륭한 과육을 만들어냈다.

거미줄 같지 않은 거미줄, 버섯 같지 않은 버섯

거미줄 하면 떠오르는 모양이 있다. 나무줄기나 가지에 연결되어 거미줄의 기초가 되는 기초실이 있다. 거미가 밟고 다닐 수 있는 방사실, 방사실 사이를 나선형으로 돌고 있는 접착실도 있다. 거미줄을 그려보라고 하면 아마 백이면 백 이렇게 그릴 것이다. 하지만 우리는 이미 일상적으로 다른 모양의 거미줄을 무수히 보았다. 낮은 울타리로 심어진 회양목 위를 양탄자처럼 덮고 있는 거미줄을 본 적이 있을 것이다. 그 한쪽엔 동굴 같은 집을 만들어 매복하고 있는 들풀거미가 살고 있다.

접시 모양의 거미줄도 심심치 않게 볼 수 있다. 접시거미의 거미줄이다. 꼬마거미는 거미줄을 짓는 데 아무런 규칙이 없는 것처럼 보인다. 대충 만든 것 같은 꼬마거미의 거미줄은 볼품없어 보이기도 하지만, 날씨 좋은 날 불규칙한 거미줄에 불규칙하게 반사되는 햇빛은 황홀하기까지 하다.

무당거미는 삼중으로 거미줄을 친다. 우리가 알고 있는 전형적인 모습의 거미줄을 가운데 놓고 앞뒤로 호위하듯 얼기설기 거미줄을 친다. 본인의 몸과 주 거미줄을 지키는 데 사용하는 것으로 보인다.

우리가 거미줄의 모습과 관련해 갖고 있는 고정관념은 버섯에도 적용된다. 줄기 끝에 버섯갓이 있는 스머프 집 모양이 사람들이 생각하는 버섯의 모습이다. 하지만 우리가 도시에서 볼 수 있는 대부분의 버섯은 나무에 살고 있고, 그런 버섯들은 거의 줄기가 없다. 어떤 버섯은 털같이 생긴 것도 있다.

모든 거미가 거미줄을 쳐서 사냥을 할 것 같지만 깡충거미와 늑대거미 등 상당수의 거미들은 거미줄을 만들어 사냥하지 않는다.

왼쪽 위부터 시계방향으로, 들풀거미, 접시거미, 꼬마호랑거미, 산왕거미, 긴호랑거미, 꼬마거미의 거미줄. 생김새가 모두 다르다.

얘도 버섯이다.

애벌레도 다리는 여섯 개

고정관념은 다양한 현실을 보지 못하게 한다. 하지만 반대로 해당 생물군의 기준이 되는 공통의 특징은 생물을 파악하는 데 도움이 되기도 한다.

앞서 살펴본, 잎 같은 꽃이 모여 하나의 커다란 꽃을 이루는 식물은 국화과이다. 그런 꽃을 보았다면 국화과라고 생각하면 된다. 다리가 여섯 개가 아니면 곤충이 아니다. 지네는 곤충처럼 생겼지만 다리가 무지하게 많다. '돈벌레'로 불리는 그리마, 공벌레, 쥐며느리도 다리가 많다. 그들은 곤충이 아니다. 다리가 여덟 개인 거미도 곤충이 아니고 마찬가지로 진드기도 곤충이 아니다. 그러면 애벌레는 어떨까? 애벌레도 다리가 여섯 개인가? 다리가 많은 애벌레도 본 것 같은데?

곤충은 머리, 가슴, 배로 나뉜다. 세 쌍의 다리는 모두 가슴에 붙어 있다. 애벌레도 곤충의 어린 시절이니 머리, 가슴, 배로 나뉘며 다리는 세 쌍이고 가슴에 붙어 있어야 한다. 애벌레의 몸 중에서 어디까지가 가슴이고 어디부터가 배인지 구별하기는 어렵다. 그냥 쉽게 생각해서 머리 쪽은 가슴, 꼬리 쪽은 배라고 생각하면 편하다. 곤충이 아무리 변태를 해도 애벌레 시절 수십 개였던 다리가 성충이 되어 여섯 개로 변하거나, 배에 있던 다리가 가슴으로 옮겨 오지는 않는다. 다리가 없어 보이거나 많아 보이는 애벌레들도 가슴에 여섯 개의 다리를 갖고 있다.

여기에 반기를 들 사람이 많을 것이다. 다른 애벌레들은 긴가민가하지만 몸을 오메가(Ω) 모양으로 움츠렸다가 피며 이동하는 자벌레는 확실히 배 쪽에도 다리가 몇 개 있었던 것 같다. 걸어가는 모습이 우스워서인지 자벌레는 '벌레'라는 이름이 붙은 녀석 치고는 꽤 귀여움을 받는다. 자벌레는 성충이 되면 자나방이 된다. 나는 자벌레의 배 쪽에 다리가 달려 있다는 당신의 주장을 겸허히 수용한다. 하지만 그 다리는 다리인 듯 다리 아닌 다리 같은 다리이다.

애벌레의 배 쪽에 달려 있는 다리는 '배다리'라고 부른다(헛다리라고도 한다). 배다리가 있는 애벌레는 주로 나비목의 곤충이다. 그들의 배다리는 성충이 되면 사라진다. 분명 다리의 역할을 하기 때문에 배다리라고 부르지만, 자세히 살펴보면 가슴 쪽에 있는 세 쌍의 다리와는 다른 모습임을 알 수 있다. 세 쌍의 다리는 다리와 같은 모습이지만, 배다리는 자세히 보면 몸의 일부가 튀어나온 것처럼 보인다. 사실 우리한테 달린 다리도 그렇게 튀어나오다가 지금의 모습으로 진화했는지 모른다. 눈에 보이지 않는 작은 동물들

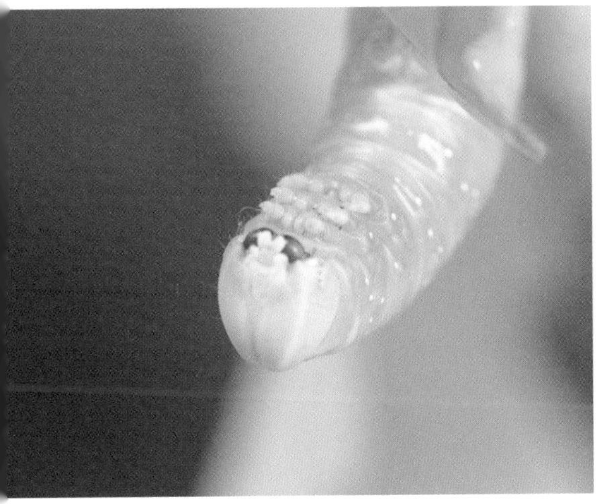

푸른곱추재주나방 애벌레의 다리. 가슴에 붙은 세 쌍의 다리와 배에 붙은 배다리는 자세히 보면 확연히 다르다.

중에는 섬모나 편모를 움직여 앞으로 나아가는 동물들도 많다. 그럼 이때 섬모나 편모를 털이라고 불러야 할까, 다리라고 불러야 할까? 어쨌든 애벌레의 경우 확실한 건, 가슴 쪽 세 쌍의 다리와 배다리의 모습은 구분이 된다는 것이다. 그러니 나비의 애벌레는 곤충이다.

우리는 많은 고정관념을 갖고 살아간다. 그 고정관념은 눈앞에 보이는 많은 것을 보지 못하게 만든다. 주변에서 많이 보았어도, 그것을 잘 떠올리지 못하게 한다. 고정관념이라는 단어는 부정적인 의미로 많이 쓰이지만, 한 집단의 특성을 잘 알고 제대로 된 기준을 적용한다면 현실을 제대로 파악하는 데 큰 도움을 주기도 한다. 조화롭게 적재적소에 적용하는 것이 중요하다.

25

혹시 알락꼬리마도요?

생물의 이름

인천에 살다 보니 알락꼬리마도요라는 흔치 않은 새가 친숙하다. 물론 인천에 사는 사람들의 대부분은 알락꼬리마도요를 잘 모르겠지만, 인천에 사는 숲해설가의 대부분은 알락꼬리마도요를 알 것이다. 인천은 300만 명이 사는 대도시이다. 그런 대도시에 세계적으로 보기 힘든 새가 날아온다는 것은 축복이다. 저어새는 알락꼬리마도요와 함께 인천을 찾는 대표적인 희귀종 새이다. 저어새는 부리를 물에 넣고 저으며 사냥을 해서 붙여진 이름이다. 저어새를 한 번도 보지 못한 사람이라도 물고기 사냥을 하고 있는 저어새의 모습을 본다면 '혹시 저어새?'라고 생각할 수 있을 정도로 잘 지어진 이름이다. 저어새는 남동공단과 송도 신도시 사이에 있는 작은 유수지에 몰려와 봄을 보낸다. 알락꼬리마도요는 상대적으로 도심에서 더 떨어진 곳에 온다. 그렇다고 백령도나 연평도 같은 인천의 먼 섬에 찾아오는 것은 아니고, 육지와 두 개의 다리로 연결되어 섬 아닌 섬이 된 영종도의 갯벌에 찾아온다. 알락꼬리마도요는 봄과 가을에 이곳을 찾는다. 호주와 시베리아를 오가는 긴 여정에서 영종도 갯벌은 이들에게 소중한 휴식처이자 에너지 공급처이다. 300만 대도시를 찾아오는 희귀 철새들. 많은 도시에서는 이런 독특한 생태적 환경을 발견하면 두 가지 반응을 보이는데, 하나는 그냥 무시하고 개발하는 것이며, 하나는 관광상품으로 대상화하는 것이다. 일부러 갖고 싶어도 갖기 어려운 이런 환경을 그 도시에 살아가는 사람들의 삶과 관계 맺을 수 있다면, 그 도시의 품격과 사람들이 살아가는 모습은 달라질 수 있다. 그들을 보호하면서도 함께 살아갈 수 있는 방법을 잘 찾는다면, 인천은 좀 더 멋진 도시가 될 것이다. 이는 인천만의 과제는 아닐 것이다.

매년 인천 앞바다를 찾아오는 알락꼬리마도요.

이름에 들어 있는 모습

저어새를 보고 '혹시 저어새?'라고 생각할 수 있다면 알락꼬리마도요를 보고도 '혹시 알락꼬리마도요?'라고 생각할 수도 있다. 물론 어느 정도의 사전 지식이 필요하지만 말이다. 동식물의 이름은 아주 오래전에 불리던 것에서부터 새롭게 발견되면서 붙여진 것까지 다양하다. 그래서 어떤 동식물의 이름은 그 어원조차 찾기 어려운 것도 있고, 여러 유래가 추측되는 것도 있고, 이름이 붙은 이유를 정확히 알고 있는 것도 있다. 다행스럽게도(?) 알락꼬리마도요라는 이름에서는 그 새의 모습을 유추할 수 있다. 이름을 한번 풀어보자.

'마'는 크다는 뜻이다. '마'와 '말'은 같은 어원의 접두사이다. '마'나 '말'이 붙으면 '큰 것'이란 뜻이 되니, 말매미, 말냉이, 말벌, 말잠자리 등이 어떤 모습일지 짐작이 간다. '마'도요는 도요 중 큰 도요라는 뜻이다.

'알락'은 '본바탕에 다른 빛깔의 점이나 줄 따위가 조금 섞인 모양, 또는 그런 자국'이라는 뜻이다. 알락꼬리원숭이, 알락곱등이, 알락풍뎅이 등 알락이라는 말이 들어간 동물은 많다. 그들의 몸에 알락 무늬가 있다는 것이다. 이제 알락꼬리마도요라는 말을 풀어보면 '본바탕에 다른 빛깔의 점이나 줄 따위가 조금 섞인 모양의 꼬리를 가진 큰 도요'라는 뜻이 된다. '알락'과 '마'의 뜻을 알면서 도요에 대한 지식이 조금 있었다면 알락꼬리마도요를 봤을 때 '혹시 알락꼬리마도요?'라고 할 수도 있다. 나에게는 이에 딱 맞는 경험이 있다. '알락'이라는 말이 들어간 동물을 많이 접

냉이와 말냉이의 씨앗. 어떤 것이 말냉이일까?

하늘소와 알락하늘소. 어떤 것이 알락하늘소일까?

하면서 그 단어의 뜻이 궁금해졌다. 그 뜻을 찾아 알게 된 후, 어느 날 여행 중 '본바탕에 다른 빛깔의 점이나 줄 따위가 조금 섞인 모양'을 하고 있는 하늘소를 보게 됐다. 그때 머릿속에 딱 든 생각이 '혹시 알락하늘소?'였다. 숙소에 와서 도감을 찾아보니 역시 알락하늘소였다. 별것도 아닌 작은 에피소드이지만 그 짐작이 맞았을 때 정말 즐거워하며 뿌듯해했던 기억이 난다.

꽃이 되었다

숲해설가 교육을 받을 때 교육생들이 가장 어려워하는 것은 종의 이름을 외우는 것이다. 곤충만 해도 수만 종, 거기에 풀, 나무, 새, 거미, 버섯, 물고기 등등으로 들어가면 아예 포기하는 게 빠를 지경이다. 그런 어려움을 알아서인지, 교육에 들어오는 선생님들도 하나같이 "이름 외우려 하지 마라"라는 말을 한다. 그러면서 "계속 관심을 가지고 보다 보면 이름은 저절로 외워진다"라고 덧붙인다. 하지만 이름이 저절로 외워진다는 건 거짓말이다. 이름을 외우려면 최소한의 노력을 해야 한다. 선생님들이 전제했듯이 계속 관심을 가지고 봐야 한다. 그런데 이름도 모른 상태에서 똑같은 풀을 매일 본다고 해서 그 풀의 이름을 알 수 있는 것은 아니다. 그 풀의 이름이 무엇인지 일단 찾아보고, 생각해보고, 그러고는 잊고, 다음에 또 보고, 다시 들어보니 예전에 들었던 그 녀석이고…를 반복하다 보면 '저절로' 외워진다.

동식물의 이름을 아는 것이 자연을 알고 느끼는 데에 그리 중요하지 않을 수도 있다. 숲해설가를 교육하는 선생님들이 생물의 이름을 외울 필요가 없다고 강조하는 것은, 그동안 숲해설이나 식물을 좋아하는 사람들의 관심이 이름을 아는 데에 너무 집중되었기 때문이다. 그래서 이름을 외우는 것보다는 자연을 보고, 느끼고, 왜 그렇게 살아가는지를 생각해보는 것이 더 중요하다는 뜻에서 이름 외우는 것이 중요하지 않다고 말하는 것이다.

하지만 이름을 아는 것은 중요하다. 학창 시절 영어 단어 외우듯이 깜지를 만들어가며 외울 필요는 없지만, 어떤 생물의 이름을 알 때와 모를 때 그들을 대하고 바라보는 눈과 마음이 달라진다. 김춘수는 옳다.

처음 이름을 외우는 것은 어렵다. 하지만 하나둘 이름을 아는 동식물이 늘어나면 더 쉽게 이름을 알 수 있다. 이름에도 어느 정도 규칙이 있다. 그 규칙은 우리말의 규칙을 벗어나지 않는다. 그 중 동식물 이름에 자주 쓰이는 접두사나 접미사를 알아두면 이름을 익히는 데 좀 더 수월해질 것이다.

참참참

'참새 한 마리가 참깨 냄새에 홀려 밭으로 날아갔다가 바로 옆 참외밭에서 참개구리 한 마리가 폴짝 뛰어오르는 바람에 깜짝 놀라 참나무 위로 날아오르는 일'은 '박새 한 마리가 들깨 냄새에 홀려 밭으로 날아갔다가 바로 옆 수박밭에서 북방산개구리 한 마리가 폴짝 뛰어오르는 바람에 깜짝 놀라 계수나무 위로 날아오르는 일'보다 실제로 일어날 확률이 훨씬 높다.

우리 주변에 쉽게 볼 수 있는 동식물 이름 중에는 '참'이라는 글자가 들어간 동식물이 많다. '참'이라는 글자는 사람에게 쓸모 있거나, 주위에서 쉽게 볼 수 있는 동식물의 이름에 붙는다. 사람들은 참새도 먹고 참개구리도 먹고 참나무 열매도 먹는다. 참깨가 들깨보다 고소하고, 참외는 오이보다 달다(외는 오이라는 뜻이다). 참나무는 '도토리가 열리는 나무'의 통칭이다. 참나무는 우리 주변에 많이 살고, 목재와 땔감으로 많이 쓰여 사람들에게 큰 사랑을 받았다. 특히나 참나무의 도토리는 흉년이 들었을 때 소중한 양식이 되었다. 나무 중의 진짜 나무, 참나무라 불릴 만하다.

진달래와 철쭉은 매우 비슷하게 생겼지만, 진달래꽃은 먹어도 되고 철쭉꽃은 먹으면 안 된다. 진달래의 '진'을 우리말로 하면 '참'이다. 진달래꽃을 참꽃, 철쭉꽃을 개꽃이라고도 부른다. '참'과 대비되는 글자가 '개'자이다. 쓸모 있는 것에 '참'을 붙인다면 별 쓸모 없다고 여겨지는 것에는 '개'를 붙였다. 사람이 먹을 수 있는 식물 이름에 '개'가 붙으면 먹기 힘들거나 먹을 수 없는 식물인 경우가 많다. 개살구, 개머루, 개두릅, 개복숭아 등이 그렇다.

크기를 나타내는 말

앞에서 '말'이나 '마'는 큰 것을 뜻한다고 했다. '애'는 작다는 뜻이다. 애사슴벌레, 애알락수시렁이는 사슴벌레나 수시렁이 가운데 작은 축에 속한다. 말매미가 큰 매미라면 애매미는 작은 매미이다. 흔히 보이는 매미 중 참매미, 말매미, 애매미, 털매미가 있다. 말 뜻대로 풀이해보면 참매미는 가장 흔하게 보이는 매미, 말매미는 큰 매미, 애매미는 작은 매미, 털매미는 털 난 매미이다.

'쇠'도 작다는 뜻이다. 산새 중 가장 흔하게 볼 수 있는 새는 박새이다. 박새도 여러 종류가 있다. 박새 중엔 쇠박새가 있는데, 말 그대로 박새보다 작은 박새이다. 큰기러기는 크고 쇠기러기는 작다. 쇠오리는 오리보다 작고 쇠백로 역시 백로 중에는 작은 종에 속한다. 쇠물닭, 쇠재두루미, 쇠부엉이, 쇠오색딱따구리 등 '쇠'자가 붙은 새는 많다.

무당벌레나 잎벌레 중에는 등에 있는 점의 개수로 이름을 지은 경우도 많다. 칠성무당벌레, 십일점박이무당벌레, 십구점무당벌레, 열석점긴다리무당벌레, 큰이십팔점박이무당벌레의 이름이 어떻게 붙었는지 생각해보는 데는 고도의 지적 작업이 필요하지 않다. 큰 눈과 시간만 있으면 된다.

먹는 것이 이름, 잎벌레

잎벌레는 잎을 먹어서 잎벌레이다. 변태를 하는 곤충들은 애벌레 시기와 성충 시기에 서로 다른 먹이를 먹는 경우가 많은데, 잎벌레는 애벌레와 성충이 같은 잎을 먹는 경우가 많다. 잎을 먹어서 잎벌레라는 이름이 붙은 곤충답게, 잎벌레들은 주로 먹는 식물이 이름이 되는 경우가 많다. 사시나무잎벌레, 쑥잎벌레, 버들잎벌레, 박하잎벌레, 버들꼬마잎벌레, 오리나무잎벌레, 딸기잎벌레, 돼지풀잎벌레, 고구마잎벌레, 밤나무잎벌레 등을 보면 이들이 무엇을 먹는지 대충 짐작할 수 있다. 그러니 해당 잎벌레를 만나려면 그 식물을 찾아가면 확률이 높다. 반대로 해당 식물에서 잎벌레를 봤다면 그 잎벌레가 지금 말한 잎벌레가 아닌지 의심해볼 만하다.

이 정도 의심만 해도 인터넷으로 이름을 찾아볼 때 매우 유용하다. 게다가 우리는 계문강목과속종이라는 생물의 분류체계를 알고 있고(분류체계를 알고 있다는 것은 친인척 관계를 알고 있다는 뜻이다) 특정 곤충이 특정 식물의 방어물질에 적응하며 살아왔다는 사실도 알고 있다. 그러니 배추에 나비 애벌레가 있는 것을 보고 '배추흰나비애벌레가 아닐까?'하고 생각해보는 것처럼 무 잎에 나비 애벌레가 있는 것을 보고서도 '배추흰나비애벌레가 아닐까?'라고 생각해볼 수 있다. 배추와 무는 모두 십자화과이다.

피붙이?

'붙이'는 혈연관계가 있는 사람을 뜻하거나 같은 겨레라는 뜻을 더하는 접미사이다. 곤충 이름 중에는 '붙이'가 들어간 이름이 많이 있는데, 곤충 이름에서 '붙이'는 혈연관계보다는 생김새가 비슷할 때 쓰이는 것 같다. 개미붙이는 개미같이 생겼고 방아벌레붙이는 방아벌레같이 생겼다. 하늘소붙이와 잎벌레붙이, 무당벌레붙이도 하늘소, 잎벌레, 무당벌레와 직접적인 혈연관계가 있는 것은 아니지만, 모양이 비슷해서 붙은 이름이다.

어차피 이름은 사람이 부르는 것

이름은 누군가가 붙이는 것이다. 어떤 이름은 이름을 붙인 사람도 안다. 어떤 이름은 누가 이름을 붙였는지 알 수 없다. 우리가 친근하게 알고 있는 동식물 이름의 대부분은 그 이름을 처음 부른 사람을 알지 못한다. 그냥 그렇게 부르다가 널리 쓰이게 된 것이다. 그러니 이름이 어떤 수학공식처럼 체계적으로 지어진 것은 아니다. 사람들이 부르는 것이 이름이 되고, 그렇게 유명해진 이름이 있다면 비슷한 모양의 종이 발견되었을 때 유사한 이름이 붙기도 한다. 어떤 화학자는 만약 지금 원소 이름을 붙인다면 수소, 헬륨, 리튬과 같은 이름을 붙이지는 않았을 것이라고 말한다. 그냥 1, 2, 3이라고 이름을 붙이면 이름을 외우는 것도 쉽고, 그 이름에 해당 원소의 특성이 잘 반영될 것이라는 말이다. 하지만 그런 일은 일어나지 않았다. 우리는 그런 체계를 잡기 전에 이미 그것들을 발견하고 이름을 붙인다.

앞에서 설명한 것이 맞지 않는 경우도 있다. 또 같은 말이라도 다른 뜻을 가진 경우도 많다. 장수풍뎅이는 오래 살 것 같지만, 장군의 모양을 닮아 장수풍뎅이이다. 개살구는 살구나무와 관계가 있지만 개나리는 나리와 관계가 없다. '개'는 물가를 뜻하는 '갯'이라는 뜻을 가질 때도 있다.

애초에 잘못 지어진 이름도 있다. 분홍망태버섯은 원래 노란색이지만 처음 이름을 붙인 사람이 분홍망태라고 지었기 때문에 색깔과는 관계없이 분홍망태버섯이 되었다. 이쯤 되면 앞에서 신나게 떠들어놓은 것들이 무용지물처럼 느껴지겠지만 그렇지만도 않다. 많은 경우 그런 방법은 동식물의 이름을 익히는 데 도움이 된다. 앞에 적어놓은 단어 말고도 그런 종류의 접사는 많다. 멧돼지, 멧토끼, 멧비둘기는 모두 출신지가 산이다. 미나리, 미더덕은 물과 관계가 있다. 가시나 갈퀴, 털이란 글자가 붙은 식물의 모양은 대충 연상이 된다. 이처럼 많은 동식물에 공통으로 쓰이는 접사가 있다면 한 번쯤 그 뜻을 찾아보면 좋다. 그러면 동식물의 이름을 익히는 데 큰 도움이

둘 중 하나가 멧비둘기이다. 어떤 색이어야 산에 살기 좋을까? 어떤 새가 멧비둘기일까?

된다. 다만 모든 경우에 적용되지는 않음을 꼭 기억해야 한다.

이름을 알기 어려운 동식물이 있다면 자신만의 이름을 붙여주는 것도 그 동식물과 관계를 맺는 좋은 방법이다. 이는 숲해설가들이 많이 쓰는 방법이기도 하다. 자주 가는 숲에 있는, 자주 보고 마음에 드는 나무에 이름을 붙여주는 것이다. 그리고 그 나무의 이름을 불러본다. 이 책에서는 주로 동네를 둘러보니, 산책길에 매일 보는 나무가 있거나 마음이 가는 나무가 있다면 나만의 이름을 붙여볼 수 있겠다. 그렇게 관계를 맺다 보면 어느 순간 그 녀석의 진짜 이름도 알게 될 것이다. 그리고 그 나무는 진짜 이름인 '종'의 이름을 넘어 당신이나 당신 아이가 붙여준 '개체'로서의 이름을 가지게 것이다. 그렇게 당신 가족의 삶 속에 들어올 것이다.

단풍이 들고 낙엽이 지다
나무의 겨울 준비

단풍이 들고 낙엽이 진다. 단풍은 가을의 절정이고 낙엽은 가을의 끝, 겨울의 시작이다. 회색빛 도시를 푸르게 만들어줬던 가로수의 잎은 색을 바꾸어 겨울을 준비하라고 말한다. 화려한 흰 꽃으로 봄을 알려줬던 벚나무는 잎을 붉게 만들어 가을을 알려준다. 벚나무의 단풍이 이리 아름다웠던가. 그늘을 드리워 한여름 은신처를 제공했던 느티나무도 때로는 빨갛게, 때로는 노랗게 잎의 색을 갈아입었다. 인도와 차도 사이에 네모난 모양으로 자리를 지켜준 화살나무의 잎은 그냥 붉다는 말로는 표현이 부족할 정도로 밝고 붉은 색을 낸다. 튤립나무의 커다랗고 노란 단풍은 시원한 느낌까지 준다. 다른 낙엽수의 잎이 다 떨어져도 붉은 갈색으로 변한 대왕참나무의 잎은 봄이 올 때까지 나뭇가지에 매달려 있을 것이다.

단풍나무가 아니어도 우리 주변에는 멋진 단풍이 드는 나무가 많이 산다. 맨 위부터 시계방향으로, 튤립나무, 화살나무, 내왕삼나무, 벚나무, 느티나무의 단풍.

이렇게 굳이 '단풍나무'가 아니더라도 도시에 사는 많은 나무는 저마다의 색으로 단풍을 만들어낸다. 그들이 모여 가을이 된다.

그렇게 온 도시에 가을색을 입혔던 나무들은 대왕참나무를 제외하고는 겨울이 오기 전 모든 잎을 떨어뜨린다. 이 계절, 땅에 떨어뜨릴 잎을 만들기 위해 나무는 많은 에너지를 쏟아부었다. 그렇게 만들어진 잎은 태양 빛을 끌어 모아 나무를 키워내고 열매를 맺었다. 아쉽기도 하고 아깝기도 하지만, 이제는 버려야 한다.

단풍이 물드는 이유

눈치챘겠지만 단풍이 들고 낙엽이 지는 것은 나무의 겨울나기 준비이다. 나무가 잎의 색을 바꾸는 것은 곧 그 잎을 떨어뜨릴 것이기 때문이다. 잎은 여러 가지 역할을 하지만, 주된 역할은 뭐니 뭐니 해도 광합성이다. 녹색의 잎은 주로 적색과 보라색 빛을 이용해 광합성을 한다. 그 빛을 흡수하기 위해서 엽록소가 필요하다. 이제 곧 떨어뜨릴 잎은 더 이상 광합성을 위한 엽록소를 필요로 하지 않는다. 엽록소가 사라지니 녹색도 사라진다. 가을이 되면 잎의 색이 바뀌는 이유이다.

녹색의 색소가 사라지니 그 자리에 숨죽여 있던 다른 색소가 드러난다. 그들은 엽록소 옆에서 엽록소가 놓쳐버린 색의 빛을 조금씩 담아 광합성에 보탰다. 엽록소가 파괴되는 순간에도 그 색소는 남아 노란색 잎을 만들어낸다. 그 와중에 다른 색소가 생성되기도 한다. 이렇게 엽록소 이외에 원래 있던 색소, 새롭게 생성되는 색소의 색에 따라서 붉은색, 노란색, 갈색의 단풍색이 결정된다.

도시에서 흔히 볼 수 있는 덩굴식물인 참마와 담쟁이의 단풍. 노란색은 카로티노이드 색소가, 붉은색은 안토시아닌 색소가 만들어낸다.

원래 거기에 있었지만 엽록소에 가려 자신을 드러내지 못했던 색소들은 짧은 시간이나마 자신의 존재를 드러낸다. 짧은 드러냄 후, 곧 잎과 함께 땅으로 떨어질 것이다.

잎을 떨어뜨리기 전

우리는 매년 가을이면 수많은 나무가 수많은 잎을 떨어뜨리는 장면을 보아왔다. 너무도 많이 봐서 그 장면을 자연스럽게 받아들인다. 하지만 나무 입장에서, 짧은 시간에 자신의 몸의 일부였던 나뭇잎을 떨어뜨리는 것이 얼마나 큰일일지 생각해본 적이 있는가? 손톱 끝 작은 살갗이 떨어져나가도 아픈데, 그 많은 잎을 떨어뜨려도 아무 일 없을까? (단풍나무 한 그루에는 10만 개, 참나무에는 70만 개, 커다란 느릅나무에는 500만 개 정도의 잎이 있다.) 혹여나 곤충이 허물을 벗을 때처럼 나무에게도 위기의 순간인 건 아닐까?

만약 나무가 별다른 준비 없이 잎을 떨어뜨린다면 그 순간은 나무에게 큰 위기일 것이다. 잎이 떨어진 자리에 상처가 난다면, 온몸에 상처가 난다면 어찌 위기가 아니겠는가? 상처를 치유하기 위해서도 많은 에너지가 소요될 것이며, 상처의 틈으로 세균이나 바이러스가 침투할 수도 있을 것이다. 그러니 나무는 손톱 끝 살갗에 작은 상처가 나듯이 나뭇잎을 떨구지 않는다.

단풍이 들기 시작할 때 가지 끝에 분리층이 생긴다. 분리층이 생긴 후 잎이 떨어지면 나무의 속살이 드러나지 않는다. 잎은 몸의 일부이다. 그뿐 아니라 중요한 양분생성 기지이다. 나무의 몸통과 잎 사이에 통로가 있을 것이고, 그 통로 안으로 물, 미네랄, 양분 등이 바쁘게 움직일 것이다. 아무 준비 없이 잎을 떨어뜨린다면 그 통로가 바로 외부에 노출되어 위험에 빠질 것이다. 분리층이 생겼으니 통로가 막혔다. 이제 나뭇잎을 떨어뜨려도 괜찮다.

엄청난 양의 나뭇잎을 떨어뜨리는 데는 다 이유가 있다. 잎의 중요한 기능인 광합성과 증산작용은 모두 기공이 열려 있을 때 일어난다. 열린 기공으로 이산화탄소를 받아들여 광합성에 이용하고, 그때 증산작용으로 수분이 증발되면서 강한 극성을 가진 물분자가 뿌리에서 줄기를 타고 잎으로 온다. 하지만 겨울엔 물이 얼어 있는 경우가 많다. 이는 나뭇잎이 물을 계속 증발시켜도 뿌리가 끌어올릴 수 있는 물이 없다는 의미이다. 결국 나무는 말라 죽을 것이다. 그렇다고 수분을 보존하기 위해 기공을 닫은 상태를 유지하면 광합성을 할 수 없다. 많은 잎을 달고 있으려면 유지·관리 비용이 필요하다. 광합성을 하지 않는 나뭇잎을 비용을 들여가며 매달고 있는 건 어려운 일이다. 또 특별한 장치가 없다면 표면적이 넓고 얇은 잎은 겨울에 얼기 딱 좋다. 그러니 겨울잠을 자는 동물처럼, 생명을 유지할 수 있는 최소한의 형태로 변해 겨울을 나는 것이다. 광합성을 통해 새로운 에너지를 얻는 것을 포기하고 그냥 겨울을 버티며 보낸다.

그렇다고 나뭇잎을 통째로 버리는 것은 아니다. 잎을 구성하고 있는 원소 중 질소, 인산 등 쉽게 구할 수 없는 원소들은 잎을 떨구기 전에 줄기로 회수한다. 그러고 나서 나머지를 떨어뜨린다. 그렇게 겨울을 준비한다.

얼지 않는 나무

그런데 여기서 의문이 하나 생긴다. 나무가 잎을 떨어뜨리는 이유는, 따지고 보면 '물이 얼기 때문'이다. 나무속에도 물이 있을 텐데, 그 물은 얼지 않을까? 잎만 떨어뜨려도 괜찮은 걸까?

나무는 바닷물이 쉽게 얼지 않는 것과 같은 원리를 이용한다. 식물 체내에 있는 물의 농도를 높여 어는점을 낮추는 것이다. 그렇게 낮춰진 어는점 때문에 겨울나무는 쉽게 얼지 않는다. 겨울에 강추위가 몰아친다고 해서 우리 동네의 가로수들이 쉽게 얼어 죽지는 않는다. 나무가 그렇게 호락호락하지 않다.

이런 나무들도 잘 얼어 죽는 때가 있다. 초봄 늦추위가 별안간 왔을 때 그렇다. 입춘이 지나 하늘에 봄이 오고, 경칩이 지나 땅에도 봄이 오면, 나무는 봄이 왔음을 감지하고 멈췄던 생명활동을 시작한다. 겨울을 잘 견디기 위해 농축해놨던 물을 원상태로 돌려놓는다. 물을 가지 끝까지 한껏 끌어 올려 새로운 꽃과 잎을 낼 준비를 한다. 그렇게 한참 봄을 맞이하고 있을 때 느닷없이 강추위가 오면, 제아무리 나무라도 감당하기 어렵다. 이미 봄인 줄 알고 무장해제 했기 때문이다. 한겨울 영하 20도가 열흘간 지속되어도 끄떡없던 나무는, 초봄 닷새간의 영하 5도를 견디지 못하고 죽을 수도 있다.

돌고 도는 낙엽

나무가 떨어뜨린 잎은 흙으로 돌아간다. 흙 속에 살고 있는 온갖 벌레와 미생물들은 낙엽을 분해해 먹고 산다. 그들이 분해하고 남은 것들은 흙과 섞인다. 그것들은 다시 나무를 살찌울 것이다. 나무는 자신이 겨울을 나기 위해 가을에 잎을 떨어뜨리지만, 이는 낙엽이 지는 나무와 함께 진화해 살아가고 있는 생명들의 삶을 위해서도 꼭 필요한 일이다. 나무 아래에서 겨울을 나는 많은 생물은 낙엽을 먹이로 삼을 것이며, 몇몇 곤충과 풀은 낙엽을 이불 삼아 겨울의 추위를 견뎌낼 것이다.

하지만 도시의 낙엽은 숲의 낙엽과는 다른 운명을 맞는다. 돌이나 석유로 주위 땅이 덮여 있는 가로수에게 낙엽을 돌려보낼 흙은 존재하지 않는다. 갈 곳 잃은 낙엽은 도시의 바닥을 떠돌아다니다 쓰레기봉투 안에 모인다. 운 좋은 일부 은행나무 낙엽 정도만 한데 모여 남이섬과 같은 관광지로 옮겨진다. 공원의 낙엽은 가로수에 비해 사정이 좀 낫지만, 그 낙엽도 사람이 다니는 길로 나오는 순간 쓸려나간다. 공원의 흙에는 왠지 낙엽을 분해할 곤충이나 미생물도 부족할 것 같다. 도시에서는 인간의 빗자루도 엄연히 존재하는 생명 순환의 한 구성원으로 보인다. 빗자루는 열심히 움직여 낙엽을 한곳에 모을 것이다. 그 낙엽들은 도시에서는 자리 잡지 못했지만, 어디론가 가서 다른 모습으로 지구에 남아 있을 것이다.

27

눈앞에 드러난 겨울눈

광합성

11월 말, 잎이 다 떨어지면 그제야 겨울눈이 눈에 보인다. 지금 눈앞에 보이는 겨울눈은 이미 어떤 것은 봄에, 어떤 것은 여름에 만들어졌다. 이름이 겨울눈이다 보니 겨울에 만들어지는 것으로 생각하는 사람이 많다. 하지만 겨울눈은 눈의 형태로 겨울을 나기 때문에 붙은 이름이지, 겨울에 만들어지기 때문에 붙은 이름이 아니다. 그럼에도 우리가 겨울눈이 겨울에 만들어지는 것처럼 느끼는 것은 겨울이 오기 전까지는 겨울눈의 존재가 우리의 관심 대상이 아니기 때문일 것이다.

겨울눈이 있기 때문에 나무는 이듬해 봄이 됐을 때 별다른 어려움 없이 꽃과 잎을 내놓는다. 작은 겨울눈 안에는 꽃의 모습이, 잎의 모습이 그대로 담겨 있다. 그 생명력 가득한 겨울눈을 가지만 앙상하게 남은 겨울에 만들어낼 수 없다. 광합성이 필요하다. 광합성은 이산화탄소와 물에 태양에너지를 더해 포도당을 만드는 과정이다. 하늘엔 태양 빛이 가득하고, 많은 물이 뿌리를 통해 나무의 몸속으로 들어올 수 있는, 광합성의 재료가 충만한 계절이 겨울눈을 만들기엔 제격이다. 나무는 열매를 키워 후손을 준비하는 것처럼, 이듬해 봄 새롭게 피울 겨울눈을 만들어낸다. 푸른 잎의 광합성 공장을 풀가동해서 말이다.

공기와 물로 몸을 만들다

식물은 공기 중에 있는 이산화탄소와 흙 속에 있는 물을 재료로 줄기와 잎과 뿌리를 만든다. 공기와 물로 몸을 만든다는 게 상상이나 되는가? 식물은 그 어려운 걸 해낸다. 분자를 쪼개고 다시 이어 붙이는 기술이 있다면 공기와 물로 몸을 만들 수 있다. 모든 물질은 원소로 이루어졌다고 배우지 않았던가?

광합성을 통해 포도당을 만들려면 탄소원자와 수소원자, 산소원자가 필요하다. 정확하게는 포도당분자($C_6H_{12}O_6$) 하나를 만드는 데에 탄소원자 여섯 개, 수소원자 열두 개, 산소원자 여섯 개가 필요하다. 우리가 아무리 학교 다닐 때 배운 화학을 다 잊었다 해도 이산화탄소가 CO_2이고, 물이 H_2O라는 건 생생하게 기억한다. 이렇게 써보니 이산화탄소와 물 안에 탄소원자, 수소원자, 산소원자가 있다. 이제 남은 일은 이산화탄소분자와 물분자를 쪼개고 이를 재조합해서 포도당분자를 만드는 것이다. 이런 일을 할 때 에너지가 필요할 것 같은가? 필요하다. 식물은 그 에너지원으로 화력이

단풍나무, 목련, 벚나무, 은행나무의 겨울눈. 생명이 가득 담긴 겨울눈을 만들기 위해서는 뜨거운 태양 빛이 필요하다.

나 풍력을 택하지 않고 태양광을 택했다.

탄소를 생명으로 가져오다

지구에 살고 있는 생명체를 탄소 기반 생명체라고 부른다. 탄수화물, 지방, 단백질 모두 그 중심에는 탄소가 있다. 세상에는 두 가지 물질이 있다. 탄소가 중심을 잡고 있는 물질과 그렇지 않은 물질. 농담같이 들리는 이 말은 실제로 존재하는 표현이다. 유기물은 탄소가 있는 분자를 말하며 무기물은 탄소가 없는 분자를 말한다. (이산화탄소와 일산화탄소 같은 일부 예외가 존재한다.) 어떤 단어를 만들 때 특정 물질의 유무를 기준으로 단어를 만들었다는 것은 그것이 그만큼 중요함을 뜻한다.

지구에 사는 생명체가(아마도 지구 밖에 사는 생명체도) 탄소를 기반으로 하는 이유는 타의 추종을 불허하는 탄소의 결합 능력 때문이다. 탄소는 다른 원자들은 흉내 낼 수 없을 결합의 달인으로, 다양한 방식의 결합을 통해 셀 수 없을 만큼 다양한 분자를 만들어낸다. 이런 다양한 분자는 생명의 몸체를 구성하고, 에너지원으로 사용되며, 생명현상을 조절하는 데 쓰인다. 생각해보라. 몸 구석구석이 얼마나 다른지, 몸에서 하는 일이 얼마나 많은지, 몸속에 저장해야 하는 정보는 얼마나 많으며 후손에게 주어야 하는 정보는 얼마나 많은지. 그것들을 다 해내려면 다양한 재주를 가진 분자가 필요하다. 하나의 분자가 그 모든 기능을 할 수는 없다. 가장 현실적인 방법은 그만큼 다양한 분자를 만드는 것이다. 탄소 이외에 누가 그것을 해낼 수 있을까? (탄소와 같은 수의 원자가전자原子價電子를 갖는 규소가 종종 후보에 오르긴 하나 탄소에 비해 결합력이 약한 점, 이중결합을 하지 않아 분자 구조의 다양성이 제한적인 점, 주로 고체 상태로 존재해 생명체에 흡수되기 어려운 점 등의 이유로 대부분의 과학자들은 규소 기반 생명체의 가능성을 매우 낮게 본다. 실제로 지구 표면에 규소가 탄소보다 약 1,000배 더 많지만 지구상 모든 생명체는 탄소 기반이다.)

생명체를 구성하는 분자의 기본 뼈대를 이루는 탄소는 지구 생명체에게 필수적인 원소이다. 탄소는 이산화탄소의 형태로 공기 중에 떠돌아다니고 있는데, 광합성의 순간 대기를 구성하던 기체가 생명체의 몸체가 된다. 그 탄소는 초식동물의 몸을 거쳐 육식동물의 몸에 도달할 것이다. (탄소를 기반으로 한 유기물은 식물의 광합성 이외에도 우주선宇宙線의 작용 등에 의해 만들어지기도 한다. 그래서 유기물은 혜성을 비롯한 우주 곳곳에서 찾아볼 수 있다.)

태양의 에너지를 가져오다

광합성이 무생물 영역에 있는 것을 생물 영역으로 끌고 온 것이 탄소만이 아니다. 지구에 도달하는 막대한 태양에너지, 그 에너지는 광합성 작용을 거쳐 식물에 저장된다. 식물에 저장된 태양에너지는 초식동물의 에너지가 되고, 곧 육식동물의 에너지가 된다. 그렇게 우주를 가로질러 지구에 도착한 태양에너지는 생명계로 들어왔다. 광합성이 해낸 일이다. 생명이라고는 하나도 찾아볼 수 없던 원시 지구와 비교해보라. 온 지구를 뒤덮고 있는 생명체들. 그들은 하루하루 막대한 양의 에너지를 사용한다. 광합성을 통해 식물이 잡아챈 태양에너지는 수억 년의 시간을 지나, 지금 이처럼 다양한 생명체를 유지하는 에너지의 근원이 되었다. 태양숭배 사상은 당연한 것일지도 모른다.

앞에서 광합성은 이산화탄소와 물에 태양에너지를 더해 포도당을 만드는 과정이라고 말했다. 태양에너지가 '더해'져 포도당이 만들어진다는 것의 의미를 생각해볼 필요가 있다.

우주에는 다양한 형태의 에너지가 존재한다. 그 에너지를 모두 사용할 수 있다면 한여름 전기요금 누진제 따위는 걱정 안 해도 될 것이다. 하지만 우리는 그 에너지들을 제대로 사용할 줄 모른다. 기껏해야 장작, 석탄, 석유(모두 탄소 기반 물질이다)를 태우는 게 다였다. 태양에너지와 풍력, 지열과 같은 에너지는 빨래 말리기나 곡식 껍질 까기, 목욕하기 등에만 쓰이다가 최근에 와서야 전기에너지로 만들려고 노력하고 있다. 전기에너지가 위대한 이유는 우리가 원하는 형태로 전환하는 데 용이하기 때문이다. 집에 있는 선풍기를 돌려서 바람을 일으키려면 장작을 때든, 석탄을 태우든, 풍력발전기를 돌리든, 태양전지판에 있는 전자를 움직이든, 우선 전기에너지로 전환해야 한다. 우리는 전기에너지를 열에너지로도, 빛에너지로도, 운동에너지로도 쉽게 전환한다. 어느 때는 조금씩 꺼내 쓰고 어느 때는 많이 꺼내 쓴다. 그것으로 난로의 세기도, 전등의 밝기도, 스피커의 음량도 조절할 수 있다.

한낮 동안 아무리 많은 태양 빛이 내리쬐어도 그 에너지를 생물이 사용하려면 생물이 사용 가능한 방식으로 전환해서 저장해야 한다. 생물이 사용 가능하도록 에너지를 저장해놓은 일종의 전지가 포도당이고, 이를 만드는 과정이 광합성이며, 이때 저장된 에너지가 태양에너지인 것이다.

태양에너지의 저장고, 포도당

모든 물질은 에너지를 갖고 있다. 어떤 물질은 많은 에너지를 갖고 있고, 어떤 물질은 적은 에너지를 갖고 있다. 물과 이산화탄소로 포도당을 만들 때 태양에너지가 필요하다는 것은 포도당이라는 물질에 물과 이산화탄소보다 더 많은 에너지가 저장되어 있다는 의미이다. 이쯤에서 화학 방정식을 하나 써야겠다.

$$6CO_2 + 12H_2O \rightarrow C_6H_{12}O_6 + 6H_2O + 6O_2$$

포도당의 분자식을 알고 있으니 위의 화학 방정식에서 우리가 모르는 것은 없다. 여섯 개의 이산화탄소분자와 열두 개의 물분자가 한 개의 포도당분자와 여섯 개의 물분자, 여섯 개의 산소분자로 바뀐다. 원소의 총량 개념에서 보면 화살표의 왼쪽과 오른쪽 모두 탄소원자 여섯 개, 산소원자 스물네 개, 수소원자 스물네 개로 원소의 양은 같다. 하지만 위의 식에는 추가된 에너지가 빠져 있다. 화살표 왼쪽에서 오른쪽으로 가기 위해서는 태양에너지가 필요하다. 그 태양에너지는 포도당분자 안에 화학에너지의 형태로 전환되어 저장된다. 분자는 다양한 방식으로 결합한다. 원자들의 결합에는 에너지가 필요하다. 포도당분자의 원자 간 결합력이 이산화탄소분자와 물분자 내의 결합력보다 높다. 결합력이 높으니 저장이 가능하다. 저장된 에너지는 동물들의 식량이 된다. 뭔가를 먹는 이유는 먹이에서 에너지를 뽑아내기 위해서이다. 포도당을 먹으면 에너지가 생긴다. 우리 몸은 포도당을 분해해서 그 안에 저장되어 있는 에너지를 뽑아낼 수 있는 능력을 갖고 있다. 이러한 광합성 과정을 나타낸 화학식의 화살표를 거꾸로 하면 포도당에서 에너지를 뽑아내는 과정이 된다. 호흡의 방정식이다. 포도당을 분해하기 위해서는 산소가 필요하다. 그래서 동물은 숨을 쉰다.

원자의 이동을 밝혀내다

산소는 광합성의 부산물이다. 우리는 식물이 광합성을 할 때 이산화탄소를 받아들이고 산소를 내보낸다는 것을 알고 있다. 그래서 직관적으로 식물이 흡수하는 이산화탄소에 있는 산소원자가 식물이 내뱉는 산소분자를 구성할 거라고 생각하기 쉽다. 하지만 광합성 과정에서 발생하는 산소분자 속 원자는 물분자에서 온 것이다. 광합성 과정에서 이산화탄소분자와 물분자는 분리되고 재조립되는 과정을 겪는다. 이산화탄소에 있던 산소원자는 포도당과 물을 만드는 데 쓰인다. 산소분자를 만드는 데는 물에 있던 산소원자가 쓰인다. 원료로도 물이 쓰이고, 결과물로도 물이 나오지만 그 물은 같은 물이 아니다. 원래의 물은 쪼개져서 수소원자는 포도당과 물을 만드는 데 쓰이고, 산소원자는 모두 산소분자를 만드는 데 쓰인다. 결과물인 물에 쓰인 산소원자는 이산화탄소에서 온다.

광합성 과정에서의 원자의 이동을 알아내기 위해서 18세기

네덜란드의 과학자 얀 잉겐하우스Jan Ingenhousz는 서로 다른 산소(중성자의 개수가 달라 무게가 다른 산소. 동위원소라고 한다)를 각각 이산화탄소와 물에 넣어 실험했다. 광합성 결과 발생하는 산소의 무게를 측정해보면 산소분자를 이루고 있는 원자가 어디에서 온 것인지를 알 수 있다. 이 실험으로 산소원자의 이동경로가 밝혀졌다.

물과 이산화탄소로 식물의 몸체를 만든다는 것은 인간이 직관적으로 인식하기 어려운 일이다. 이를 처음으로 알아낸 사람은 네덜란드의 의사 얀 밥티스타 판 헬몬드Jan Baptista van Helmont이다. 1640년대에 그는 한 가지 실험을 했다. 말린 흙과 버드나무의 무게를 재고, 그 흙에 버드나무를 심었다. 다른 것은 주지 않고 일정량의 물만 버드나무에 주었다. 5년 후 버드나무의 무게는 처음보다 164파운드 더 나갔다. 흙의 무게는 거의 변화가 없었다. 헬몬트는 새로 늘어난 164파운드의 나무는 모두 물을 재료로 만든 것이라 결론 내렸다.

물론 이 결론은 틀렸다. 새로 늘어난 164파운드(그에 더해 5년 동안 살아가는 데 필요한 에너지까지)는 물만이 아닌, 물과 이산화탄소를 활용해서 만든 것이다. (게다가 무게로 치면 이산화탄소의 기여도가 훨씬 높다.) 하지만 당시 헬몬트가 내린 결론은 매우 합리적이라 생각된다. 왜 이산화탄소를 생각하지 못했냐고 책망할 마음이 들기보다는, 그 오래전에 이런 실험을 설계한 것 자체와, 또 아무리 실험 결과가 그렇게 나왔더라도 직관적으로 생각하기 어려운, 물을 재료로 버드나무의 몸을 만들었다는 결론을 낸 사실이 놀랍다.

광합성은 너무도 많이 들어서 모두가 알고 있다고 생각하는 과정이다. 하지만 그것에 어떤 의미가 있는지 생각해본 적은 거의 없을 것이다. 생명현상들 가운데 우리가 알고 있는 것은 참 많다. 그런데 그것이 어떤 의미이고, 어떤 역할을 하는지 곰곰이 생각해보면 놀라움을 느낄 것이다. 우리가 그냥 흘려 넘기는 경이로운 생명현상들은 지금도 우리 주변에서, 우리의 몸속에서 계속되고 있다.

겨울

28

두꺼운 털옷

털의 역할

겨울이다. 많은 동물은 두꺼운 지방이나 털로 겨울나기를 준비한다. 겨울을 나기에 턱없이 부족한 털을 갖고 있는 인간은 다른 동물이나 식물의 털을 빌려 온다. 밍크, 토끼, 닭, 오리, 거위, 목화 등의 털이 인간의 체온을 유지하는 데 쓰인다.

캘리포니아대학교 인류학과의 이상희 교수는 『인류의 기원』이라는 책에서 인간의 털이 솜털로 바뀐 원인에 대한 가설을 소개한다. 인간은 고기 맛을 알게 되고, 두뇌와 몸집이 커지고, 석기를 만들면서 본격적인 사냥에 나서게 되는데, 인간의 사냥능력은 이미 사냥시장에 자리 잡고 있는 사자와 같은 맹수의 능력에 비할 것이 못 됐다. 이 상태에서 인간이 발견한 '생태적 틈새'는 무더운 한낮 시간이다. (실제로 인간이 그 틈새를 발견하려 노력한 것은 아니다.

무더운 한낮의 사냥에 적응한 인간들이 살아남았을 뿐이다.) 털로 뒤덮인 피부를 갖고 있는 다른 맹수들은 무더운 낮에 사냥을 하기 힘들었다. 그들이 쉬는 틈을 타 인간은 뛰어다녔고, 털 없는 몸으로 땀을 배출함으로써 빠르게 체온을 조절할 수 있는 능력을 가진 인간이 살아남아 그들의 유전자가 지금까지 전해졌다는 것이다.

인간에게는 털이 없는 것이 생존확률을 더 높였을지 모르겠지만, 다른 동물들에게는 털이 매우 소중하다. 인간도 불을 피우는 능력이나 다른 동물의 털을 제 것인 양 몸에 두르는 능력이 없었다면, 풀을 뜯어 먹었으면 먹었지 털을 벗어 던지진 않았을 것이다. 여름에 체온이 올라가면 그늘에서 꼼짝 않고 혓바닥을 내밀고 있으면 되지만, 겨울에 체온이 내려가면 그냥 사망이다.

보온재

인간을 비롯한 포유동물은 항온동물이다. 늘 35도 정도의 체온을 유지한다. 체온 유지에는 에너지가 필요하다. 바깥 온도가 낮아지면 체온을 높이기 위해 더 많은 에너지가 쓰인다. 더 많은 먹잇감을 찾아야 한다. 가뜩이나 먹잇감이 부족한 겨울에 더 많이 먹어야 한다면 생존확률은 낮아진다. 털이 필요하다. 몸을 따뜻하게 해줄 털이.

항온동물이 에너지를 사용하면서까지 몸의 온도를 일정하게 유지하는 것은 신진대사에 유리하기 때문이다. 몸이 제대로 작동하기 위해서는 적당한 온도를 유지하는 것이 필요하다. 한 가지 예로 인간의 몸에서 에너지를 사용하는 과정을 살펴보자.

식물이 광합성해서 만들어낸 포도당은 여러 경로를 통해 인간의 몸으로 들어온다. 포도당에 화학에너지 형태로 저장된 에너지를 사용하기 위해 호흡을 한다. 포도당에 산소를 더하면 (27장에서 소개한) 광합성 과정을 뒤집어놓은 화학반응이 일어난다. 그 과정에서 에너지가 방출된다. 인간은 그 방출된 에너지를 바로 사용하는 것이 아니다. 이를 ATP라는 형태로 저장해놓는다. ATP가 되면 이제 태양에너지는 인간이 바로 사용할 수 있는 에너지의 형태가 된 것이다. 그런데 문제는 이 ATP가 너무도 쉽게 분해되어 에너지를 방출한다는 것이다. 에너지를 잘 보관해두었다가 꼭 필요할 때 써먹어야 하는데, 겨울철 방전되는 자동차 배터리처럼 아무 때나 그냥 에너지를 방출해버리면 연료로서 아무 의미가 없어진다. 이 문제를 해결하기 위해 에너지 장벽이 등장한다. ATP가 분해되기 위해서 일정 수준의 에너지가 필요하도록 만든 것이다. 장벽 덕분에 ATP는 쉽게 분해되지 않지만, 또 ATP를 사용하기 위해서는 장벽을 낮춰야 하는 과제가 등장한다.

이 장벽을 필요한 때에 적절하게 낮출 수 있다면, 에너지 장벽은 일종의 스위치 역할을 할 수 있다. 아무 때나 에너지를 쓰지 못하도록 만든 것을 넘어서 꼭 필요할 때에 꼭 필요한 에너지를 쓸 수 있게 되는 것이다. 이때 등장하는 것이 효소이다. 효소는 반응속도를 빠르게 하지만 자신의 형태는 바뀌지 않는 단백질의 일종이다. ATP의 에너지 장벽을 낮춰야 할 때를 딱 맞춰 효소가 작용해 스위치를 만들어냈다.

효소는 ATP의 사용에만 관여하는 것이 아니다. 매우 다양한 형태의 효소가 존재하며, 그 효소들은 다양한 활동에서 스위치 역할을 한다. 이 효소가 제대로 작동하기 위해서는 몇 가지 조건이 필요한데 그중 하나가 온도이다. 효소가 가장 잘 작동하는 온도는 체온과 비슷한 35~40도이다. 그 온도를 벗어나면 효소가 제대로 작동하지 않는다. 그러면 몸도 엉망진창이 된다. 털은 필요하다.

피부 보호재

낮은 기온은 당장 피부에 영향을 준다. 차가운 공기와 바로 맞닿아 있는 피부세포는 추위를 견디다 못해 얼어서 터져버릴 수 있다. 몸을 지켜주는 피부가 상한다면 이 역시 개체의 생존확률을 낮춘다. 여름엔 어떨까? 강렬한 자외선이 몸속을 파고든다면 세포를 상하게 하고 기형아 출산확률을 높인다. 아무래도 털이 있는 게 좋겠다. 따가운 태양 빛 아래에 살면서도 두꺼운 털이 없는 인간은 검은 멜라닌 색소로 자외선을 막는 방법을 택했다.

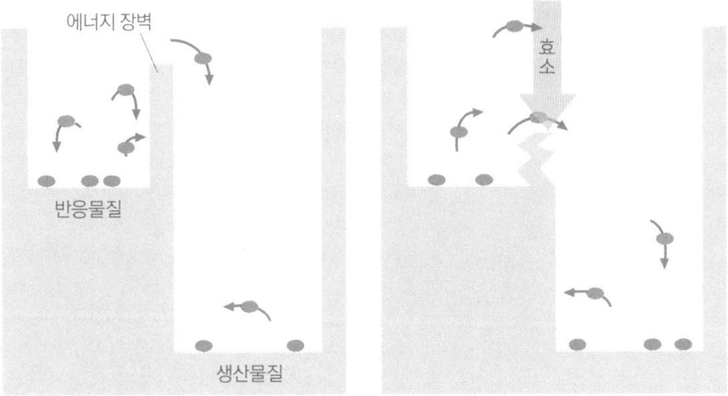

적정 온도가 되어야만 효소 스위치는 제대로 작동한다.

식물의 잎 표면에도 작은 털이 나 있다. 이 작은 털들은 수분이 너무 쉽게 증발되는 것을 막아준다. 사실 털이 보온재의 역할을 하는 것은 식물에서도 관찰할 수 있다. 목련의 겨울눈에 왜 복슬복슬한 털이 있다고 생각하는가?

감각기관

하지만 우리가 털을 보온이나 보호를 위한 수단 정도로만 생각한다면 이는 털의 기능의 절반만 아는 것이다. 때때로 털은 매우 유용한 감각기관이다.

파리를 자세히 보라. 몸 곳곳에 난 털이 보이는가? 이 털은 상당히 민감하다. 털을 건드리면 당연히 날아간다. 몸에 닿기 전, 털에 먼저 닿는다. 그때 반응할 수 있다면 털의 길이만큼 생존확률이 높아질 것이다. (털에 손이 닿기 전에 이미 달라진 공기의 흐름이 털에 닿는다.) 털 없이 몸으로만 느낀다면, 털이 아닌 몸에 뭔가가 닿았을 때 도망간다면 이미 늦는다.

털로 뭔가를 느끼는 것은 털과 몸이 연결된 부위에 민감한 감각세포가 있기 때문에 가능하다. 감각세포는 털의 미세한 변화를 감지해 뭔가가 닿았다는 것을 알려준다. 거미의 다리에도 많은 털이 있다. 거미줄 한쪽 끝이나 가운데에 앉아 있는 거미는 거미줄에 무언가가 닿으면 바로 알아차린다. 다리의 감각을 통해서이다. 그 다리의 감각은 다리털의 감각이다. 털의 각도가 조금만 휘어도 그것을 알아차린다. 바람이 거미줄을 흔드는 것인지, 파리가 거미줄을 흔드는 것인지도 쉽게 알아차린다. 지하에서 사냥하는 함정

거미는 다리 끝 관절의 감각모로 먹잇감이 발 구르는 소리를(진동을) 느끼며 먹잇감의 방향과 거리를 추측한다. 쏙독새의 입가에는 '입가센털'이라고 부르는 억센 털이 한 줄로 나 있다. 민감한 신경과 연결된 입가센털은 날아다니는 곤충을 잡는 데 쓰이는 것으로 보인다. 밤에 주로 움직이는 고양이도 긴 수염을 가지고 있다. 고양이의 수염 밑에도 역시 매우 민감한 촉각 수용기가 있다. 물속에서 사냥하는 바다표범은 밤이나 흐린 물속에 있을 때처럼 앞이 잘 안 보일 때, 수염의 감각을 사용해 사냥한다. 수염은 아주 미세한 물의 움직임을 감지할 수 있다. 물고기가 이미 지나간 후에도 물의 진동을 감지해 물고기를 추적할 수 있다.

털은 이런 물리적인 자극뿐 아니라 화학적 자극도 감지해낸다. 누에나방의 수컷은 6만 5,000개의 작은 털로 이루어진 강력한 화학 수용 더듬이를 갖고 있다. 이 더듬이를 가지고 암컷이 저 멀리서 만들어내는 매우 적은 수의 호르몬도 귀신같이 감지해낸다.

눈에 보이지 않는 털도 자극을 감지해낸다. 귓속에는 털세포라고 불리는 세포가 있는데, 이 세포를 통해 소리를 뇌에 전달한다. 나이가 들수록 청력이 나빠지는 이유는 이 털세포가 한 번 손상되면 재생되지 않기 때문이다. 털이 빠지면 청력이 나빠진다.

이렇게 동물의 털은 물리적 자극뿐만 아니라 화학물질과 소리의 파장까지 감지하는 매우 예민한 감각기관이다. 누군가 당신의 머리를 쓰다듬을 때 기분이 좋아지는 것은 그만큼 많은 감각세포가 머리에 있기 때문이다.

곤충, 거미, 갑각류 등 절지동물의 단단한 외골격은 몸을 보호하는 데 효과적이지만, 외부 자극을 피부로 잘 느끼지 못한다는 단점이 있다. 이를 보완하기 위해 감각모를 발달시켰다.

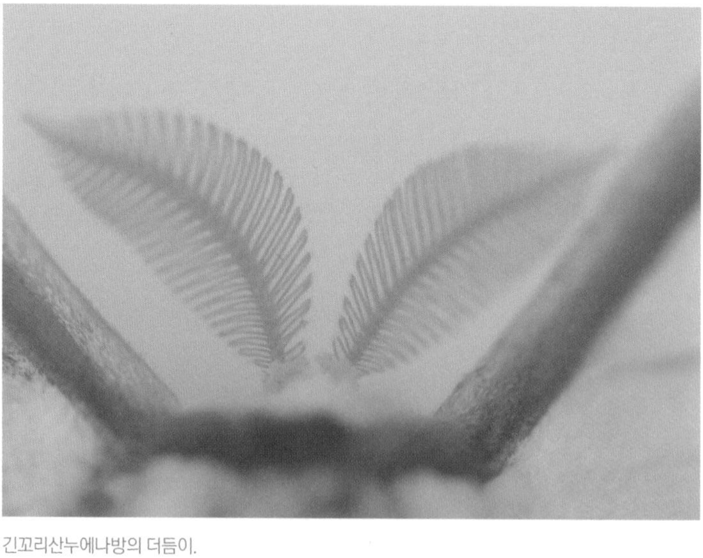

긴꼬리산누에나방의 더듬이.

털의 존재 이유가 무엇인지 물어보면 쉽게 '따뜻하게 하려고'라는 답변이 나온다. 그런데 털은 참 다양한 역할을 한다. 보온효과도 있고, 보호역할도 한다. 청각을 포함한 물리적 자극의 수용기, 화학적 자극의 수용기 역할도 한다. 아메바나 짚신벌레 수준으로 몸집을 줄이면 털은 다리이다. 털은 동물에게만 있는 것이 아니고 식물에게도 있다. 식물의 보온, 탈수 방지에도 털이 쓰인다. 털을 빳빳하게 세우면 몸을 방어할 수도 있다. 고슴도치의 가시는 털이다. 털 하나만 놓고도 참 할 말이 많다.

29

베란다에 날아 들어온 무당벌레

곤충의 겨울나기

인간의 집은 겨울이 되면 더욱 소중해진다. 다른 계절의 집이 안식처라면, 겨울의 집은 은신처이다. 아무리 다른 동물의 털을 빌려 입고 밖에 나갈 수 있더라도, 집 안에 먹을 것만 많이 있다면 따뜻한 방바닥에 등을 대고 있는 것이 제일 좋다. 콘크리트나 나무로 집을 짓고 그 안에서 갖가지 땔감을 떼며 겨울을 견딘다.

겨울이 힘든 건 인간만이 아니다. 겨울은 나뭇잎을 떨어뜨리고 광합성을 중지한 식물에게도 견뎌야 하는 시기이다. 겨울잠을 자는 곰이나 개구리도 생존이 가능할 정도로 체온을 최대한 낮추고 에너지 소비를 줄이며 겨울을 버틴다. 겨울은 곰과 개구리가 깬 상태로 돌아다니며 살아가기에는 너무 춥고 빈곤한 계절이다. 그들은 잠을 자는 것을 택했다. 특히나 변온동물인 개구리는 추운 겨울에 돌아다니다가는 바로 얼어 죽을 것이다. 낮은 체온은 신진대사를 정지시키고, 세포 안팎에 있는 물을 얼려 세포를 터뜨릴 것이다. 개구리에겐 땅속으로 들어가 잠을 자는 것이 겨울에 살아남는 최고의 방법이었을 것이다.

커다란 개구리도 겨울을 버티기가 힘든데 곤충은 얼마나 힘들까? 곤충도 개구리와 마찬가지로 변온동물이다. 주변의 온도가 내려가면 곤충의 체온도 내려간다. 몸집이 작으니 몸의 부피 대비 겉면적의 비율이 크다. 차가운 외부 공기에 직접 맞대고 있는 부분이 많으니 몸집이 큰 동물에 비해 체온이 더 빠르게 내려간다. 곤충에게 겨울 추위는 어떻게든 피하고 버텨내야 하는 시련이다. 그러니 아무런 허락도 없이 우리 집 베란다에 수백 마리의 무당벌레가 들어온 것도 이해는 된다.

무당벌레의 겨울나기

처음 베란다 창틀에서 한 무리의 무당벌레를 보았을 땐 정말 당황했다. 때는 이미 겨울을 지나 봄이었다. 여느 집처럼 봄이 되었으니 청소나 한번 해보자 마음을 먹었고, 덕분에 겨울 내내 쳐다보지도 않았던 작은 방 앞 베란다를 볼 수 있게 됐다. 그곳엔 무당벌레 10여 마리가 있었다. 10여 마리뿐이었지만, 내 생애 이렇게 많은 무당벌레를 한 번에 본 것은 처음이었다. 툭툭 건드려보니 몇 마리는 죽어 있었고 몇 마리는 살아 있었다. 살아 있는 무당벌레도 아주 작게 반응할 뿐이었다. 만약 내 눈 앞에 꿈틀대고 있는 것이 파리였다면 주저 없이 휴지를 둘둘 말아 꾹 눌러 죽였을 것이다.

그런데 어려서부터 무당벌레는 해충을 잡아주는 좋은 벌레라고 배웠다. 그 모양새도 벌레라고 부르는 녀석들 중에는 꽤 예쁜 편이다. 그래서인지 기본적으로 무당벌레에게는 호감(?)을 갖고 있었다. 죽은 녀석들이야 별수 없지만, 살아 있는 녀석들은 조심스럽게 집어 창밖으로 날려주기로 마음먹고 두어 마리를 조심스레 잡은 후 창을 열었다. 그런데! 창틀 사이에 내가 집은 녀석들과 똑같이 생긴 무당벌레가 수백 마리나 있는 것이 아닌가! (진짜 수백 마리였다!) 아무리 무당벌레가 좋은 벌레고 예쁜 벌레여도 수백 마리가 내 집 한쪽을 차지하고 있는 것을 그냥 두고 볼 수는 없는 노릇이었다. (수백 마리가 모여 있으면 그렇게 예뻐 보이지도 않는다.) 살살 집어 창밖으로 보내는 것은 바로 포기했다. 빗자루와 나무젓가락, 이쑤시개 등을 동원해서 쓸어 담아버렸다. 그때만 해도 무당벌레가 겨울을 나기 위해 우리 집에 들어온지는 몰랐다. 왜 내가 이런 재앙을 겪어야 하는지 억울했을 뿐이었다.

곤충은 알-애벌레-번데기-성충으로 이어지는 변태 과정을 겪는다. 이 모든 모습으로 겨울을 나는 것이 가능하다. 사마귀는 알로 겨울을 난다. 도토리거위벌레는 애벌레의 모습으로 겨울을 난다. 대부분의 나방은 번데기로 겨울을 난다. 무당벌레는 어른벌레로 겨울을 난다.

거의 모든 곤충이 휴면 상태로 겨울을 난다. 겨울은 곤충이 활동하기엔 너무 위험하다. 차가운 겨울 공기를 직접 맞으면 몇 초 지나지 않아 몸속에 있는 물이 얼면서 온몸의 세포를 찔러 죽게 될 것이다. 겨울을 나기 위해서는 일단 춥지 않은 곳으로 가야 한다.

겨울의 춥지 않은 곳은 땅속, 두꺼운 낙엽층 아래, 썩거나 썩지 않은 나무속, 버섯 속, 돌 아래, 녹지 않고 쌓인 눈 밑 등이다. 하지만, 조금 덜 추운 곳에 있는 것으로는 충분하지 않다. 글리세롤 같은 일종의 부동액을 만들어 몸이 쉽게 어는 것을 막는 일도 게을리 하지 않는다.

도시의 황조롱이가 아파트 베란다에 둥지를 짓듯이, 도시의 무당벌레가 아파트 베란다에서 월동한 것은 탁월한 선택이었다. 베란다는 웬만한 나무껍질 아래보다 따뜻하다. 하지만 그들은 나에게 발견되기 전에 그곳을 떠났어야 했다.

억울한 베짱이

동화 「개미와 베짱이」에 나오는 베짱이는 억울하다. 초개체인 개미는 잠을 자긴 해도 겨울을 난다. 하지만 베짱이는 겨울이 오기 전에 죽는다. 겨울을 위해 먹이를 모아두는 것은 어리석은 짓이다.

월동을 위해 베란다에 들어온 무당벌레. 도시에 사는 곤충다운 선택이다.

단풍만 들어도 이렇게 눈에 잘 띈다. 베짱이는 단풍이 본격적으로 들기 전 짝짓기를 끝내는 것이 좋다.

늦여름에 어른으로 등장해서 아름다운 소리로 가을 정취를 만들어주는 베짱이는 그 소리의 결과로 짝을 만나고 나뭇잎이나 나무껍질 속에 알을 낳는다. 알은 그 상태로 겨울을 난다. 성충의 존재 목적은 짝짓기이다. 입이 없는 하루살이처럼 극단적이진 않지만, 어른 베짱이의 존재 이유도 짝짓기이다. 먹이를 구하는 것보다 노래를 부르는 것이 훨씬 중요하다.

베짱이가 게으른 곤충의 대명사처럼 되어버렸지만, 사실 많은 곤충이 베짱이와 같은 패턴 속에서 살아간다. 매미나 몇몇 딱정벌레처럼 수명이 긴 곤충도 있지만, 많은 곤충의 수명은 1년을 넘지 않는다. 인간의 경우 한 세대가 20~30년 정도 된다. 최근 들어 점점 한 세대의 기간이 길어지는 경향이 있지만, 곤충의 경우 사교육

비나 주택 가격이 세대주기에 영향을 주진 않는다. 한 세대가 1년인 곤충을 1화성 곤충이라 한다. 1년에 두 세대가 나타나는 곤충을 2화성, 세 세대 이상을 다화성 곤충이라 한다. 베짱이는 1화성 곤충이다. 제 수명을 다하는 모든 1화성 곤충은 겨울을 나야 한다. 알이나 애벌레나 번데기나 성충의 형태로 말이다. 베짱이처럼 알의 형태로 겨울을 나는 곤충들은 겨울이 오기 전 빨리 짝짓기를 해서 알을 낳아야 한다.

곤충은 아니지만 주변에서 흔히 볼 수 있는 무당거미도 베짱이와 비슷한 한살이를 한다. 무당거미는 10월 말이 되면 만삭이 되어 배가 통통해진다. 날이 더 추워지기 전에 알을 낳고, 나뭇잎 등으로 알을 위장한 후 죽는다. 알의 형태로 겨울을 나고, 이듬해 5월에 새끼가 태어난다.

땔감 때는 꿀벌

꿀벌은 벌집의 온도를 36도 안팎으로 유지한다. 꿀벌 하나하나는 추운 겨울에 밖으로 나오면 바로 얼어 죽지만, 그들이 모여서 만든 덩어리는 사람의 체온과 비슷한 온도를 유지한다. 벌집은 여름에도 겨울과 마찬가지의 온도를 유지한다. 과연 초개체라 부를 만하다.

겨울에 벌집 온도를 36도로 유지하기 위해 꿀벌은 단열과 난방에 신경을 쓴다. 서로 몸을 최대한 밀착해 열 손실을 최소한으로 줄인다. 온도가 떨어진다 싶으면 몸을 움직여 열을 낸다. 열을 낼 때 사용하는 근육은 꿀벌이 날 때 사용하는 근육과 같다. 날개만

암컷 무당거미의 여름과 가을. 만삭의 몸이 됐다. 나뭇잎에 알을 위장한다. 알이 겨울을 난다.

움직이지 않을 뿐이다. 실제로 곤충은 날개 근육을 움직여서 하늘을 날 때 사용하는 총 에너지의 6퍼센트만이 날개를 움직이는 데에 직접적으로 사용되고, 나머지 94퍼센트는 열이 된다.

꿀벌이 겨울철 벌집에서 날개 근육을 움직이는 것은, 우리가 집에서 보일러를 트는 것과 같이 집 안의 온도를 높이기 위함이다. 우리는 집 안의 온도를 높이기 위해 가스나 석유를 주로 사용하고, 꿀벌은 꿀을 사용한다. 겨울이 오기 전에 열심히 모아두었던 꿀은 꿀벌의 입으로 들어가 날개 근육 보일러의 연료로 사용된다. 이렇게 보일러를 사용할 수 있는 꿀벌은 우리 주변에서 볼 수 있는 곤충 가운데 거의 유일하게 깨어 있는 상태로 겨울을 보낸다.

자연에 대해 공부를 한 후 처음 맞이한 겨울에도
우리 집 베란다에는 무당벌레가 들어왔다. 이제 나는 그들이
겨울을 나기 위해 집에 들어온 것을 알고 있다.
좀 안쓰럽기도 하다. 하지만 여전히 나에게 그들은 골칫거리이다.

30

눈에서 빛이 나는 고양이

빛 이용하기

1년 중 가장 밤이 긴 시기가 왔다. 밤은 매일 조금씩 길어졌지만, 그것을 느끼는 것은 한순간이다. 어느 순간, 12월의 이른 저녁 시간 길을 걷고 있을 때, 불과 몇 달 전 같은 시간에 환한 거리를 아이들이 뛰어다녔던 것이 떠오른다. 언제 이렇게 낮이 짧아졌지? 짧아진 낮은 기온을 낮추고, 낮은 기온은 겉옷을 살찌우고, 두터워진 겉옷 소매 주머니에 두 손을 찔러 넣은 채 털이 짧아진 것을 한탄하며 길을 걷게 한다. 차가운 바람에 무방비 상태인 얼굴을 가리려 고개마저 숙이니 도시가 더 어두워진 것 같다.

바닥을 보고 걷더라도 집을 찾아가는 것 정도는 문제없다. 매일 걸어 다니는 이 길을 기억하는 것은 머리가 아니라 다리인 것 같다. 이런저런 생각에, 시선마저 바닥을 향하고 있어도 다리는 부

고양이는 인간의 도시에서 야생 상태로 살고 있는 거의 유일한 대형 포유류이다.
우리는 어떻게 이들과 함께 살아가야 할까?

지런히 집을 향해 간다. 집에 거의 다 왔다는 생각이 든 순간, 다리가 제 역할을 충실히 하고 있나 확인이라도 해야겠는지 고개를 들어 앞을 본다. 그때 갑자기 눈앞에 나타난 두 개의 불빛에 잠시 놀란다. 하지만 난 그 불빛의 정체를 알고 있으니 금세 평정을 찾을 수 있다. 두 개의 불빛도 나를 보았다. 불빛이 도망치며 소리친다. 냐~옹~

빛을 내는 반딧불이

우리는 식물이 광합성 작용을 통해 스스로 양분을 만든다는 사실을 알고 있듯이, 고양이 눈에서 빛이 난다는 사실을 알고 있다. 둘 다 알고 있는 사실이지만, 생각해보면 꽤나 신기한 일이다.

어떻게 고양이 눈에서는 빛이 날까? 왜 사람의 눈에서는 빛이 나지 않을까?

동물이 빛을 낼 수 있는 방법을 생각해보면 두 가지가 떠오른다. 해 유형과 달 유형. 스스로 빛을 만들어내거나, 빛을 반사하거나. 우리는 빛을 스스로 만들어내는 유명한 동물을 알고 있다. 시골에서 자란 어른들의 말씀을 들어보면, 어릴 적 반딧불이를 쫓아다니던 추억 하나쯤은 다 가지고 계신 것 같다. 최근에는 반딧불이를 보기가 좀 힘들어졌지만, 관심을 갖고 찾아다니면 볼 수 있는 곳이 꽤 남아 있다. 덕유산 자락의 무주 반딧불이축제는 우리나라에서 하는 반딧불이축제 중 가장 유명하다. 내가 살고 있는 인천에서도 계양산에서 가을마다 반딧불이축제를 연다. 계양산 반딧불이축제는 무주에서 개최하는 것처럼 관광객을 모으기 위한 축제가 아니다. 해가 질 때쯤 20여 명의 사람이 모인다. 작은 버스를 타고 반딧불이를 볼 수 있는 산으로 향한다. 해가 지고 한 시간 정도 지나면 조심조심 앞사람을 따라 길을 나선다. 작은 불빛 하나가 사람들 옆을 날아간다. 그 작은 반딧불이 한 마리에 사람들은 낮은 탄성을 지른다. 큰 소리는 내지 못한다. 조용한 밤에 익숙한 숲 속에 사는 동물들에게 피해를 줄 수 있으니까. 탐방 인원도 제한된다. 인천녹색연합이라는 환경단체가 함께하는 행사답게 계양산의 반딧불이축제는 사람을 끌어들이는 것이 목적이 아니라, 우리 주변의 산과 숲의 소중함을 생각해보게 하는 것이 목적이다.

반딧불이에는 늦반디불이, 파파리반딧불이, 애반딧불이 등 다양한 종류가 있다. 계양산 반딧불이축제에서 볼 수 있는 반딧불이는 늦반딧불이이다. 반딧불이는 짝짓기를 위해 불을 반짝인다. 암컷 늦반딧불이는 밤이 되기만을 기다렸다. 해가 지고 달마저 어두운 밤, 저 멀리서 예전엔 보지 못했던 너무도 아름다운 불빛이 반짝인다. 암컷 늦반딧불이는 쿵쾅대는 심장을 부여잡고 불빛을 향해 날아간다. 불빛에 도달한 암컷 늦반딧불이는 목소리를 가다듬고 이야기한다. "나랑 결혼해주실래요?" 그때 아름다운 불빛을 반짝이던 반딧불이가 고개를 돌린다. "이런 젠장. 파파리반딧불이잖아!"

현실에서는 이런 일이 일어나지 않는다. 파파리반딧불이는 6~7월경, 늦반딧불이는 8월 중순~10월경 나타난다. 반딧불이는 빛을 보고 찾아가 짝짓기를 시도하니 종에 따라 반딧불이가 내는 빛이 달라야 한다. 종이 다른 반딧불이가 똑같은 불빛을 낸다면 엉뚱한 반딧불이를 찾아가 헛고생을 할 수 있다. 종이 다르면 짝짓기를 할 수 없거나, 짝짓기를 해도 아이를 낳을 수 없거나, 아이를 낳을 수 있는 아이를 낳을 수 없다. 이것이 종의 정의定意이다.

불빛을 다르게 내려면 불을 깜빡이는 속도를 다르게 하거나, 색을 다르게 하거나, 세기를 다르게 할 수 있다. 다른 방법으로는 아예 사는 곳이 다르거나, 같은 곳에 살더라도 짝짓기 시기가 다르면 같은 불빛을 내도 같은 종을 찾는 데 별다른 어려움이 없다. 반딧불이가 많이 사는 열대의 어느 나무 위에는 같은 시기에 짝짓기를 하는 많은 종의 반딧불이가 모여 살지만, 불빛만 보고도 서로의 짝을 귀신같이 찾아간다.

그럼 고양이는 왜 눈에서 빛을 낼까? 반딧불이처럼 짝짓기를 하려고 빛을 내는 것일까? 아니면 〈이웃집 토토로〉에 나오는 고양이버스처럼 어두운 밤길을 밝혀 가려는 것일까?

부족한 빛 최대한 이용하기

내가 빛나는 고양이를 본 경우의 상당수는 자동차 헤드라이트가 비쳤을 때이다. 잘 보이지 않던 고양이 눈에 빛이 비치면 빛이 났다. 불빛을 비췄을 때 고양이 눈에서 빛이 나는 것에서 추정해볼 때, 고양이는 스스로 빛을 만드는 것이 아니라 외부의 빛을 반사해 눈을 반짝이는 것 같다. 고양이 눈에는 빛을 반사하는 거울 같은 것이라도 있는 것일까? 그런 것이 있다면 왜 있을까?

고양이는 야행성 동물이다. 야행성 동물은 빛이 모자라는 환경이라는 선택압을 받는다. 이 환경에서 살아가기 위해서 두 가지 방향으로의 감각 진화를 생각해볼 수 있다. 하나는 빛을 이용한 감각인 시각 이외의 다른 감각을 최대한 발달시키는 것이고, 또 하나는 얼마 없는 빛을 최대한 활용하는 것이다. 많은 동물은 둘 중 하나의 전략을 취하거나(누누이 말하지만 실제로 그들이 전략을 취하는 것이 아니다. 그런 녀석들이 살아남은 것이다) 두 전략 모두를 취한다. 14장에 등장한 올빼미를 소환해보자.

올빼미의 양쪽 귀는 비대칭이어서 소리를 이용해 계산할 수 있는 방향이 많다. 올빼미는 빼어난 청력으로 들쥐 발자국 소리만 듣고도 들쥐를 향해 정확히 날아갈 수 있다. 올빼미는 빛이 부족한 밤에 활동하므로 청력을 발달시켰다. 그렇다고 해서 시각을 아예 포기하지도 않았다. 올빼미의 커다란 눈을 떠올려보라. 올빼미는 눈을 키워 밤에 퍼져 있는 달빛이라도 최대한 긁어모으려 했다.

고양이의 빛나는 눈 역시 부족한 밤의 빛을 최대한 이용하려는 전략에서 나왔다. 올빼미가 눈을 키워 눈에 들어오는 빛의 양을 늘렸다면, 고양이는 반사경을 활용해 눈에 들어온 빛을 두 번 이용했다. (자신의 똥을 한 번 더 먹은 토끼가 떠오른다.) 눈의 가장 안쪽에 반사경을 두어 그 빛이 다시 한 번 눈을 통과하도록 한 것이다. 빛이 부족하기 때문에 이런 작업이 필요하다. 그러니 빛이 부족한 밤이 되면 고양이의 눈 안쪽은 눈에 들어오는 빛을 반사할 준비를 한다. 그렇게 반사된 빛은 눈 안에서 흡수되어 사용된다. 그런데 갑자기 눈에 자동차 헤드라이트와 같은 과량의 빛이 들어오면, 고양이 입장에서는 그 빛을 모두 사용할 필요가 없어진다. 고양이의 눈으로 들어온 빛은 눈 안쪽의 반사막을 통해 반사되지만, 반사된 빛이 모두 눈에서 사용되지 않는다. 그렇게 남은 빛은 고양이 눈 밖으로 나온다. 당신은 그 빛을 본다. 그리고 아이에게 말한다. "저기 고양이 눈이 빛나고 있어."

동식물의 빛 감지

고양이가 아무리 야행성이라지만 우리는 낮에도 돌아다니는 고양이를 무수히 본다. (주행성인 인간도 밤에 무지하게 돌아다닌다.) 낮에 돌아다니는 환경에는 빛이 많으니 눈 속 반사판 따위는 필요가 없다. 반사판을 검은 색소로 덮는다. 검은 색소는 빛을 흡수한다. 낮에 아무리 많은 빛이 고양이 눈으로 들어가도 고양이 눈에서 빛이 나지는 않는다.

반사판을 검은 색소로 뒤덮은 고양이가 지나가는 길에는 고양이 말고도 빛을 감지하는 생물이 많이 있다. 가장 흔히 볼 수 있는 나무는 빛을 찾아 가지를 뻗고 잎을 낸다. 빛을 감지할 수 없다면 할 수 없는 일이다. 고양이도 빛을 감지하고 나무도 빛을 감지하니 나무도 시각이 존재한다고 말할 수 있을까? 빛을 탐지한다는 본질은 같지만, 그 방식에서 차이가 있다. 시각은 빛을 느끼는 것에서 그치지 않고, 빛을 '상像'의 형태로 인지하는 것이다. 이를 인식하려면 뇌가 필요하다. 뇌가 없는 식물은 빛을 감지할 수는 있지만 상을 볼 수는 없다. 식물은 거의 온몸에 빛을 감지할 수 있는 광감지기관이 존재한다. 고양이나 인간처럼 눈을 갖고 있는 동물의 광감지기관은 눈뿐이다. 인간은 눈을 잃으면 빛을 감지할 수 없다. 반면 식물은 가지 하나 정도 잘려도 빛을 감지하는 데에는 아무런 문제가 없다.

눈을 가진 동물들에게 눈을 통해 빛을 감지하는 능력은
생존에 매우 중요하다. 그러다 보니 좀 위험하더라도 빛을
감지하려 한다. 생각해보면 올빼미의 큰 눈도 약점이 될 수 있다.
아무래도 눈을 한 방 맞으면 생존이 위태로워진다.
밤에 눈에서 빛이 나는 것도 그리 좋은 건 아닌 것 같다.
밤중에 사냥을 하거나 몸을 숨기려면 아무래도 자신을
노출시키지 않는 게 좋다. 사람들이 눈이 빛나는 고양이를 쉽게
볼 수 있듯이 고양이의 사냥감이나 고양이를 사냥하는 녀석들도

눈이 빛나는 고양이를 쉽게 볼 수 있다. 이렇게 불리함에도 고양이 눈에서 빛이 나는 것은 두 눈을 노출하면서 얻는 불이익보다 빛을 두 번 이용해서 얻는 이득이 더 크기 때문이리라. 하지만 진화는 하나의 방향성만을 갖지 않는다. 어두운 환경에서 살아가는 많은 동물은 시각을 포기하고 다른 감각을 발달시켰다. 정답은 없다.

31

광택 나는 사철나무 잎

지질

상대방에게 들킬 위험이 있지만 눈에서 빛이 나는 고양이들이 살아남은 것처럼, 광합성을 하지 못하지만 겨울철에 잎을 떨어뜨리는 활엽수들이 살아남았다. 하지만 모든 야행성 동물이 눈 안쪽에 반사경을 만드는 것을 전략으로 선택하지 않은 것처럼, 모든 나무가 잎을 떨어뜨리는 방향으로 진화하지는 않았다. 청각과 후각이 발달한 동물이 살아남은 것처럼, 잎을 떨어뜨리지는 않지만 그 잎을 지킬 수 있는 장치를 마련한 나무도 살아남았다.

넓은 잎을 가진 나무가 사시사철 푸른 것이 인상적이었는지, 이 나무의 이름은 '사철나무'가 되었다. 추운 겨울에 넓은 잎을 매달고 살아가기 위해서는 조금 다른 장치가 필요했을 것이다. 사철나무의 잎은 다른 나무의 잎과 비교했을 때 다른 점이 한눈에 들어온다. 두툼하고 반질반질 윤이 난다. 반질반질한 윤은 두터운 왁스층 때문에 만들어졌다. 대부분의 나뭇잎 표면에 왁스층이 있지만 사철나무의 왁스층은 유난히 두껍다. 사철나무의 고향인 따뜻한 곳에서는 한여름 잎에서 일어나는 과량의 수분증발이 문제가 됐다. 사철나무는 두꺼운 왁스층으로 잎의 수분 증발을 막았다. 영역을 북쪽으로 확장한 이후에도 두꺼운 왁스층을 지닌 푸른 잎을 단 채 겨울을 이겨내고 있다.

왁스, 큐틴, 수베린 같은 물질은 식물이 공기 중에 노출된 부위에 층을 형성해 수분 손실을 줄이고 세균과 균류로부터 식물을 보호한다. 이들 물질의 공통점은 물을 싫어한다는 것이다. 생물을 구성하는 유기물 중 이렇게 물에 잘 녹지 않는 물질을 지질이라 한다. 우리가 배 속에 넉넉하게 갖고 있는(나만 그런가?) 지방이 가장 잘

두꺼운 왁스층의 푸른 잎을 단 사철나무가 겨울을 나고 있다.

알려진 지질이다. 수렵·채집 시절이었으면 누구나 좋아했겠지만 최근에는 환영받지 못한다. 하지만 지질은 배 속에만 머물지 않는다.

물을 막아주는 지질

생물의 분자는 자연 상태의 다른 분자에 비해 크기가 매우 크다. 이런 물질을 고분자라고 하는데 지질은 생물을 이루는 중요한 고분자 중 하나이다. (지질 이외의 주요 고분자로는 탄수화물, 단백질, 핵산(DNA, RNA)이 있다.) 탄수화물과 단백질, 핵산은 그것을 구성하는 기본 단위가 존재한다. 그 단위들이 여러 개 결합해 탄수화물과 단백질, 핵산이 된다. 이에 반해 지질은 특정한 구조를 이르는 말이 아니라, 몸에 있는 유기물 중 물에 잘 안 녹는 물질을 이르는 말이다. 그러니 동어반복을 해서 말하자면, 모든 지질은 물을 싫어하며 물을 싫어하는 성질은 물로 가득 찬 생명체 안에서 요긴하게 쓰인다.

물을 싫어하는 왁스는 식물의 잎에서 수분 손실을 줄여주는 역할을 한다. 잎의 표면에 발라진 왁스 덕에 잎은 수분의 대부분을 기공을 통해 내보낼 수 있다. 기공 이외의 왁스가 발라진 큐티클층에서 일어나는 수분 유출은 전체의 5퍼센트 정도에 불과하다. 사철나무와 같이 두꺼운 왁스층을 갖고 있다면 그 비율은 훨씬 줄어든다. 사과와 배 같은 과일의 껍질에도 반질반질하고 윤이 날 정도의 왁스가 있어서 물이 열매 안팎으로 드나드는 걸 막아준다. 사과의 표면에 물을 아무리 떨어뜨려도 물은 사과 안으로 들어가지 않고 흘러내리거나 표면에서 물방울 형태로 맺힌다. 왁스의 힘이

지질이 없다면 물새는 존재할 수 있었을까? 원앙 커플.

다. 왁스는 곤충의 표피에도 요긴하게 쓰인다. 식물에서와 마찬가지로 몸이 마르는 것을 막아준다. 깃털이 물에 젖으면 안 되는 새에게도 지질은 요긴하게 쓰인다.

지질로 만들어진 세포막

지질은 세포막을 형성하는 데 매우 중요한 역할을 한다. 우리 몸은 물로 이루어졌다고 해도 과언이 아닐 만큼 많은 양의 물이 몸속에 존재한다. 물은 세포 안에도, 세포와 세포 사이에도 존재한다. 그러니 몸속에서 세포 사이에 경계를 지을 필요가 있을 때, 물을 싫어하는 지질은 매우 요긴한 재료가 된다. 세포막에 사용되는 지질에는 인이 포함되어 있어 '인지질'이라 부르는데, 인이 포함된 머리 부분에 두 개의 긴 다리가 달려 있는 모양이 기본 단위이다. 머리 부분은 물을 좋아하고, 꼬리 부분은 물을 싫어한다. 만약 물의 가장자리에 인지질 분자들을 놓는다면, 자석의 N극에 S극이 끌리듯이, N극이 N극을 밀어내듯이, 인지질의 머리 쪽이 물 쪽으로, 꼬리 쪽이 물 반대편으로 놓이게 될 것이다. 인지질 분자 수백 개를 그렇게 뿌려놓는다고 생각해보자. 그 분자들은 모두 물 쪽으로 머리를, 물 반대쪽으로 꼬리를 내민 채 정렬할 것이다. 그렇게 빈틈없이 많은 인지질분자가 놓인다면 그것은 하나의 모자이크 막이 된다.

세포막은 세포를 둘러싸고 있는 막이다. 다시 말하면 세포 안쪽과 세포 바깥쪽을 구분하는 막이 된다. 우리는 앞에서 한쪽에 물이 있는 경우 인지질분자를 뿌려놓으면 머리와 꼬리가 정렬되면서 하나의 막을 형성할 수 있음을 보았다. 그런데 문제는 세포의 안쪽에도, 세포 바깥쪽에도 물이 있다는 것이다. 양쪽에 물이 있으니 인지질분자를 뿌려놓으면 머리를 어느 쪽으로 두어야 할지 갈팡질팡할 것이다. 어느 놈은 세포 쪽으로, 어느 놈은 세포 바깥쪽으로 머리를 향할 수 있다. 이러면 막이 형성되지 않는다. 세포는 이 문제를 이중막으로 해결했다. 인지질분자는 두 줄로 선다. 두 줄로 서면 세포 안팎의 물 쪽으로 모두 인지질 분자의 머리가 향할 수 있다. 두 개의 인지질이 물을 좋아하는 쪽으로 머리를 내밀고 있으면 물을 싫어하는 꼬리는 안쪽에 자리 잡아 물을 피할 수 있다. 이렇게 자리를 잡으면 완벽하게 막이 형성될 수 있다. 지질은 배 속에만 있는 것이 아니라 모든 세포에 존재한다.

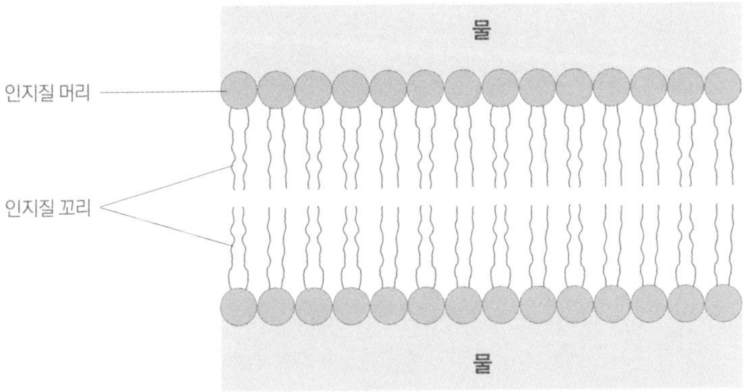

인지질 이중막이 되면 훌륭한 세포막이 된다. 모자이크의 형태는 세포막 사이에 필요한 장치를 할 수 있는 여지를 만들어낸다. 단백질이 그 틈에 자리 잡아 세포 안팎으로 물질 이동을 돕는다.

고용량 배터리

동물의 배 속에 지방이 있는 것은 그것을 에너지로 사용하기 위함이다. 먹은 양이 사용량보다 많은 경우 이를 다 배출해서 버리는 것이 아니라 일정량을 배 속에 저장해 유사시에 꺼내 먹는다. 탄수화물이 아니라 지방의 형태로 저장하게 되면 더 효율적으로 에너지를 저장할 수 있다. 지방은 같은 무게의 탄수화물에 비해 두 배 이상의 에너지를 저장할 수 있다. 만약 우리가 여분의 에너지를 지방이 아니라 탄수화물의 형태로 저장한다면 몸무게는 훨씬 더 많이 나갈 것이다.

사람이 배 속에 지방을 저장하는 것과 달리 많은 식물은 씨앗에 지방을 저장한다. 씨앗의 발아 단계에서 필요한 에너지와 탄소를 얻기 위함이다. 우리가 알고 있는 대부분의 식물성 기름은 식물의 씨앗에서 얻는다.

남성호르몬과 여성호르몬 같은 콜레스테롤도 지질의 한 종류이다. 이렇게 지질은 단순히 뱃살로 저장되어 에너지로 사용되는 것을 넘어선다. 지질은 생명체의 곳곳에서 맹활약 중이다.

32

겨울에도 푸른 소나무

생명의 사다리, 생명의 나무

'자연' 하면 녹색을 떠올리는 것은 그만큼 녹색식물이 많기 때문일 것이다. 도로 포장 같은 인간의 간섭이 없는 맨땅은 금세 녹색식물의 차지가 된다. 흙이 있으면 풀이 자란다. 녹색이 자연의 색이라는 자리를 차지하고 나니 녹색이 사라져버린 겨울에는 생명이 죽은 것 같은 느낌이 든다. 녹색이 귀한 계절, 겨울에도 푸른 식물들의 존재는 겨울이 모두가 죽어 있는 계절이 아님을 일깨워 준다. 사시사철 푸르다는 뜻의 '사철나무'라는 이름은 왁스를 두껍게 잎에 바른 활엽수가 가져가버렸다. 남쪽으로 내려가면 후박나무, 호랑가시나무 등 겨울을 푸른 상태로 보내는 활엽수를 조금 더 볼 수 있다. 하지만 겨울에도 푸른 나무 하면 뭐니 뭐니 해도 소나무로 대표되는 침엽수가 먼저 떠오른다. 소나무를 닮은 잣나무와 전나무도 푸름을 잃지 않는다. 향나무, 주목, 측백, 편백 등 상록 침엽수는 푸른 잎으로 쓸쓸한 도시의 겨울에 생명을 불어넣어준다. 상록수들이 사계절 내내 푸르지만 이들도 낙엽을 만들어낸다. 다만 그렇게 떨어지는 양만큼 새롭게 만들기 때문에 푸름이 유지되는 것이다.

침엽수는 잎의 모양이 침과 같이 뾰족하기 때문에 붙여진 이름이다. 이들은 겉씨식물이라는 다른 이름도 갖고 있다. 씨가 씨방 안에 싸여 있지 않고 겉으로 드러나 있기 때문에 붙은 이름이다. 이와 대비되는 식물이 속씨식물이다. 겉씨식물과 속씨식물을 합해 씨앗식물이라 부른다. 식물 중에는 씨앗을 만들지 않고 포자를 만드는 녀석들도 존재한다. 고사리가 대표 선수인데 양치식물에 속한다. 셋 모두 식물계에 속하고 '문門'의 단계에서 나뉜다. 겉씨식물, 속씨식물, 양치식물은 '문'의 이름이다.

소나무, 잣나무, 전나무, 향나무, 주목 등 우리 주변에 많은 겉씨식물이 있기 때문에 씨앗식물의 세계를 겉씨식물과 속씨식물이 양분할 것 같지만, 현실은 속씨식물의 완벽한 승리이다. 현존하는 식물 26만 종 가운데 23만 5,000종이 속씨식물이다. 씨앗식물만 따지면 전체의 99.7퍼센트가 속씨식물이다. 속씨식물은 23만 5,000종이지만, 겉씨식물은 760종에 불과하다.

속씨식물의 또 다른, 훨씬 유명한 이름은 꽃식물이다. 중생대까지 식물의 세상은 겉씨식물과 양치식물이 지배하고 있었다. 하지만 중생대 말에 꽃이 발명되면서 전세는 역전된다. 꽃의 발명은 식물을 폭발적으로 진화시켰다. 꽃식물은 온 세상에 퍼져나갔고,

상록침엽수들은 녹색이 귀한 도시의 겨울에 더욱 도드라진다.

아이의 손을 고사리손이라 부르는 것은 고사리 잎이 아직 피기 전 모습을 보고 하는 말이다.
고사리는 포자를 만드는 양치식물로 잎의 뒷면에 포자를 달고 있다.

후손을 남겼고, 분화했고, 살아남았다. 우리가 사는 신생대는 꽃식물의 세상이다.

목련은 꽃이 발명된 초기의 모습을 잘 보여준다. 꽃잎과 꽃받침이 제대로 구분되지 않았고, 암술머리와 암술대와 씨방, 꽃밥과 수술대 등의 구분이 불명확하다. 곤충을 유인할 꿀을 따로 만들어 놓지도 않았다. 이런 꽃에서 점점 다양한 모습의 꽃이 진화했다. 밑씨를 보호하기 위한 꽃받침이, 곤충을 유인할 꿀이 만들어졌다. 꿀만 먹고 도망가는 일을 막기 위해 꿀을 꽃 깊숙한 곳에 넣기도 했다. 특정 곤충과의 공진화를 통해 꽃식물과 곤충의 다양성은 폭발적으로 늘어났다.

식물의 생식기관으로서의 꽃이 너무나 익숙해서인지 소나무의 꽃도(벌써 나도 꽃이라 쓰지 않나! 그리고 이미 7장에서 소나무꽃이라는 말을 수도 없이 썼다) 꽃이라 말한다. 사실 그건 꽃이 아니다. '꽃의 정의' 자체가 '속씨식물의 생식기관'이다.

뛰어난 생식능력을 바탕으로 꽃식물들은 엄청나게 증가했다. 그런데 그런 상황에서도 침엽수는 사라지지 않았다. 꽃식물들의 생존과 번식 능력이 뛰어남이 실증적으로 증명이 되었는데도 왜 침엽수는 완전히 사라지지 않았을까?

틈새로의 이동

자동차가 발명되기 전, 많은 사람은 마차를 타고 다녔다. 자동차가 발명된 지금, 도시는 온통 자동차로 가득 찼지만 마차가 완전히 사라지지는 않았다. 우리는 아직도 마차를 즐겨 탄다. 교통수단으로 마차를 타는 사람은 거의 없지만, 관광지에서 기꺼이 돈을 내고 마차를 탄다. 예전의 추억(개인의 추억이든, 인류 공동의 추억이든)을 되새기기 위해, 색다른 즐거움을 위해 마차를 탄다. 이런 목적에서는 마차가 자동차보다 경쟁력이 있다. 한쪽 구석으로 몰리긴 했지만 나름대로 살아남았다. '틈새'를 찾아갔다.

자동차가 대중화되기 전까지 많은 사람이 자전거를 교통수단으로 사용했다. 지금은 자동차가 대중화되었지만 여전히 많은 사람이 자전거를 탄다. 자전거는 레저용과 교통수단용으로 분화했다. 레저용 자전거는 자동차와 경쟁하지 않는다. 한국에서는 교통수단용 자전거가 자동차와 경쟁하는 것이 버거워 보이지만, 덴마크나 네덜란드 같은 나라에서는 당당하게 한자리를 차지하고 있다. (2016년 덴마크의 수도 코펜하겐에서는 자전거의 수송 인원이 자동차를 앞질렀다.) 자동차가 교통수단으로서 더 경쟁력(더 빨리 목적지에 가는)이 있을 것 같지만, 모든 상황에서 그렇지는 않다. 한 연구결과에 따르면 대도시에서 5킬로미터 이내의 거리를 움직일 경우 자전거의 경쟁력이 자동차보다 더 높다. 자동차를 타러 주차장까지 갔다가, 지체와 정체가 반복되는 시내를 지나, 주차장을 찾아 주차한 후, 다시 최종 목적지까지 보행하는 시간 등을 계산해봤을 때 자전거를 이용하는 것이 더 빠르다는 이야기이다. 게다가 자동차의 경쟁력이라는 것도 '연료'가 있을 때만 존재한다. 연료가 없는 세상이 된다면 현재의 자동차는 자전거와 경쟁이 되지 않을 것이다. 자동차라는 교통수단은 사라지고 자전거는 살아남아 온 도로를 점령할 것이다.

겉씨식물과 속씨식물의 경우도 비슷하다. 속씨식물이 식물의 대부분을 차지해 구석으로 밀리긴 했지만 완전히 사라질 정도로 경쟁력이 형편없진 않다. 특히나 북위 50~70도 사이에, 가장 따뜻한 달의 평균 기온이 10도 정도 되고, 겨울철 평균 기온이 영하 30~40도에 이르는 틈새 지역에서는 꽤 강한 경쟁력을 갖고 있는 것으로 보인다. 이 지역의 광활한 침엽수림을 '타이가taiga 지대'라고 부른다.

연료가 있을 때 자동차가 경쟁력이 있는 것처럼, 속씨식물도 곤충이 있을 때 경쟁력을 갖는다. 만약 지구에 어떤 일이 생겨서 곤충이 사라진다면, 그때는 겉씨식물이 훨씬 생존에 유리할 것이다. "어느 세월에 바람에 꽃가루를 날려 생식을 하냐"라며 평상시에 겉씨식물을 비웃던 속씨식물은 대부분 사라질 것이다. 지구에서 바람이 사라질 가능성은 곤충이 사라질 가능성보다 훨씬 작다. 실제로 많은 사람이 꿀벌의 멸종을 걱정하고 있다.

불나방을 비웃지 마라

곤충이 갑자기 사라지는 것과 같이 예상치 못한 환경의 변화가 인간들이 들락거리는 곳에서 사는 나방들에게 일어났다. 지구 생명의 역사에서 인간과 같은 종의 탄생은 예측하기 어려운 일이었다. 수억 년 동안 인간이 존재하지 않는 상황을 가정하며 진화한 것은 당연한 일이었다. 여름밤, 산속 캠핑장에서 불을 켜놓으면 여기저기서 나방이 날아온다. 전등을 향해 날아오는 나방은 그렇다 치지만, 모닥불에 몸을 던지는 녀석들은 어떻게 이해할 수 있을까?

수억 년을 살아온 나방에게 모닥불은 생각지도 못한 환경이다. 간혹 산불이 나기도 하지만 나방의 생애에 활활 타는 불을 만날 확률은 매우 낮다. 그러니 나방이 불을 향해(더 정확히는 밤에 좀 더 밝은 곳을 향해) 날아가는 것이 그들을 죽음으로 몰 가능성은 매우 적다. 그에 비해 얻는 이득이 더 크다면 나방은 불을 향해 날아가도록 진화할 수 있다.

해가 진 밤하늘, 아직도 태양의 잔상이 남아 있다. 질소는 태양빛을 산란시킨다. 산란된 태양 빛은 태양이 다 진 다음에도 하늘에 남아 있다. 산란된 태양 빛이 사라질 즈음, 달에 반사된 태양 빛이 밤하늘에 퍼진다. 아무리 밤이어도 어두운 숲에 비해 하늘은 밝다. 밤에 이동하는 나방은 달빛을 포함한 하늘에서 내려오는 빛을 보고 방향을 잡는다. 이를 기준으로 삼은 것은 좋은 전략이었다. 2억 년 동안 이 전략은 유효했다. 밤에 불을 켜놓는 인간은 아주 최근에서야 나타났다. 그러니 갑자기 숲속에 나타나 모닥불을 피워놓고는 불을 향해 날아드는 나방을 비웃을 일이 아니다. 빛을 향해 날아드는 나방이 이렇게 많다는 것은, 그것이 생존에 유리했다는 증거이다.

살아남았다는 것

진화에서 우월한 것은 없다. 물론 무엇이 더 진화했다라고 말할 수는 있다. 하지만 더 진화했다는 것이 더 우월하다는 것을 뜻하지는 않는다. 환경은 어떻게 달라질지 모른다. 갑자기 곤충이 사라진다면 침엽수는 살아남지만, 더 진화한 것으로 보이는 꽃식물은 멸종할 수도 있다. 인간은 도시에서는 생존에 유리하지만, 무장해제된 후 숲속에 홀로 남겨지면 침팬지의 생존능력을 따라갈 수 없다. 그래서 진화에서는 어떤 종이 다른 종에 비해 우월하다는 것을 의미하는 '생명의 사다리'라는 개념을 쓰지 않는다. 진화에서 쓰는 개념은 '생명의 나무'이다. 거대한 줄기를 공유하고 있는 생명들은 가지를 치며 분화한다. 그 나뭇가지의 맨 끝에 인간도, 침팬지도, 안경원숭이도, 돌고래도 있다. 잎에 꿀샘을 만든 벚나무도, 씨앗에 엘라이오솜을 붙여놓은 제비꽃도, 수액을 다 소화하지 못하고 단물을 배출해내는 진딧물도, 똥을 먹는 개도, 날이 개면 땅속에 들어가지 못해 말라죽는 지렁이도, 여왕개미만 알을 낳는 개미도, 딱딱한 외골격을 갖고 있는 딱정벌레도, 튼튼한 목재를 만들어낸 잣나무도, 그것을 감고 올라가는 박주가리도, 헛꽃을 피워내는 산수국도, 비 온 후 여기저기 피어나는 버섯도, 꽃잎 같은 작은 꽃을 모아 큰 꽃을 만드는 국화도, 밤에 눈을 빛내는 고양이도, 빛을 내어 짝을 찾는 반딧불이도, 낙엽을 떨어뜨리는 느티나무도, 빤질빤질한 잎을 달고 사는 사철나무도 모두 살아남아 생명의 나무 가지 끝에 존재하고 있다. 현재 존재하고 있다는 것, 그것만으로도 성공적으로 진화했다고 말할 수 있으며, 그 가운데 누가 더 우월하다고 말할 수 없다. 잊지 말자. 생명의 사다리가 아니라, 생명의 나무이다.

33

이팝 열매 식사 중인 직박구리

도시의 자연

윈도 컴퓨터 운영체제에서 새폴더를 만들다 보면 어김없이 등장하는 '직박구리'. 무수히 많은 새가 등장하는 새폴더 이름 가운데서도 직박구리는 압도적인 존재감을 갖고 있다. 독특하고 입에 달라붙는 이름 때문인 듯하다. 덕분에 많은 사람이 직박구리라는 말을 들어보았고 그것이 새의 이름임을 알게 됐다. 컴퓨터 안에서 익숙했던 이 새는 최근 들어 우리 도시에서 많이 보인다. 1월의 도시에는 가로수로 심어진 이팝나무 열매가 아직 많이 남아 가지에 달려 있다. 이팝나무 열매의 크기는 직박구리의 부리에 딱 맞는다. 먹이가 부족한 겨울철에 이팝나무 열매는 직박구리에게 좋은 먹잇감이 된다.

직박구리는 원래 산에 사는 새이다. 산에 사는 새가 도시에 많이 등장하는 것은 원래 살고 있던 산에 직박구리를 밀어내는 압력이 있거나, 도시가 직박구리를 끌어당기는 힘이 있거나, 아니면 둘 다 있음을 의미한다. 일단 직박구리가 살던 도시 주변의 산이 점점 줄어들고 있다는 점은 말할 필요가 없다. 매년 일정량의 그린벨트가 개발 가능한 땅으로 바뀌고 있다. 살던 땅이 줄어드니 더 깊은 산속으로 들어가거나 도시로 나올 수밖에 없다. 아무리 산이 살기 어려워졌다 해도 산새가 도시에 나와 산다는 건 쉬운 일이 아니다. 산에는 직박구리 말고도 많은 새가 살고 있다. 이 많은 새 가운데 직박구리만큼 대대적으로 도시로 이주한 경우는 많지 않다. 박새나 붉은머리오목눈이가 산 근처 공원에서 보이는 정도이다. 새들이 도시에서 적응하지 못하는 이유 가운데 하나는 시끄러운 소음이다. 새는 소리에 민감하다. 서로 짝을 찾아 지저귀고, 위험이 닥쳤을 때도 소리로 알려준다. 어떤 새들은 몇 킬로미터 떨어진 곳까지 소리를 퍼트려 짝을 찾는다. 자동차 소리 가득한 도시는 이런 새들이 살기에 적합한 환경이 아니다. 직박구리는 아마도 다른 새들에 비해 이런 환경에 적응할 만한 성질이 있는 것 같다. 그들의 노랫소리가 자동차 소리를 뚫고 지나갈 수 있고(실제로 직박구리는 매우 시끄럽게 운다), 산에서보다 더 밀집해 살면서 짝을 만날 기회를 더 많이 가질지도 모른다.

도시가 직박구리를 끌어당기는 가장 큰 요인은 풍부해진 먹이로 보인다. 과거 가로수계의 양대 산맥이었던 은행나무와 플라타너스는 은행의 고약한 냄새, 플라타너스의 너무 왕성한 성장력과 날리는 씨앗 때문에 도시에서 점점 퇴출되고 있다. 그 빈자리를 벚나무와 이팝나무처럼 화려한 꽃을 피우는 나무들이 차지하고 있다. 서울의 경우 2000년에서 2015년 사이에 벚나무 가로수는 9,025그루에서 2만 9,883그루로 늘었다. 이팝나무는 2000년까지만 해도 거의 심어지지 않았지만 2015년 현재 1만 3,281그루의 가로수가 존재한다. 이들 나무는 직박구리의 부리에 꼭 들어맞는 크기의 열매를 맺는다. 늦봄부터 여름까지는 벚나무가 버찌를 만들어낸다. 늦여름부터 이듬해 2월까지, 이팝나무는 보라색 열매를 가지에 매달아놓는다. 직박구리에게는 웬만한 산보다도 도시에 먹을 것이 더 많을 수도 있다. 게다가 도시에는 이런 나무열매를 두고 경쟁을 벌일 새가 아직 많지 않다.

직박구리도 도시에 적응하면 도시에 사는 대부분의 비둘기와 일부 참새처럼 인간을 쫓아다니며 먹이를 달라고 칭얼거릴지

이팝나무처럼 작은 열매를 맺는 가로수가 늘어나면서 직박구리를 도시로 끌어들이고 있다.

도 모른다. 하지만 도시에 데뷔한 지 그리 오래되지 않아서인지 아직은 낯을 가리는 것 같다. 직박구리는 원래 나무 위에서 생활하는 새라서 웬만해서는 바닥에 내려오지 않는다. 그런데 최근 들어(특히나 겨울에) 사람들이 던져주는 먹이를 먹으러 땅에 내려오는 직박구리들이 종종 보인다. 끼가 다분하다.

사라진 제비

직박구리가 새 식구로 등장한 도시의 하늘엔 사라진 옛 친구의 빈자리가 있다. 제비는 오랫동안 우리 도시의 한 구성원이었다. 내가 학창 시절을 보냈을 때만 해도 그랬다. 부모님은 중학교에 올라간 아들에게 방이 필요하다고 생각하셨는지, 애초에 거실로 설계된 공간을 내 방으로 만들어주셨다. 덕분에 나는 다른 방과 달리 베란다 쪽으로 큰 창이 난 방을 갖게 되었다. 베란다 창밖은 아파트 동과 동 사이에 있는 정원이었는데, 말이 정원이지 처음 조성할 때 심었던 나무 몇 그루가 없었다면 그냥 풀밭이라고 해도 좋을 정도로 방치되어 있었다. 난 창문을 열고 바람을 맞으며 방치된 정원을 바라보는 것을 좋아했다. 제비들도 그곳을 좋아했다. 해가 질 무렵이면 수십 마리의 제비들이 사람이 없는 정원에서 곡예비행을 했다. 어린 눈에는 제비들이 그냥 신나게 노는 것처럼 보였다. 제비가 빠르게 날다가 방향을 틀거나 속도를 줄일 때 꼬리 부분에 하얀 털이 나타났다. 브레이크를 밟는 것 같았다. 제비가 비행하는 모습에 빠지면 한두 시간은 쉽게 지나가곤 했다. 내가 어릴 때만 해도(그리 오래된 일이 아니다!) 대도시인 인천의 주택가에서도 한

번에 수십 마리의 제비를 볼 수 있을 정도로 제비가 많았다. 그렇게 흔하던 제비가 도시에서 사라졌다.

여러 가지 압력이 제비를 도시에서 쫓아내는 데 작용했겠지만, 제비의 집 짓는 습성이 더 이상 우리의 도시에 어울리지 않게 된 것이 하나의 원인으로 보인다. 제비는 처마 밑에 흙으로 집을 짓는다. 지붕이 벽보다 길게 나온 한옥에는 제비가 집을 지을 만한 공간이 많았다. 그런 제비가 주거난에 빠질 만한 법이 1962년 제정되었다. 새로 제정된 주택법은 처마가 길게 나오는 집이 불법이 되거나, 그렇게 지으면 건축 면적에서 손해를 보게 만들었다. 점점 처마가 있는 집이 사라졌다. 건축법의 제정과 더불어 도로 포장율이 높아지면서 도시의 흙이 점점 사라졌다. 집터와 건축자재가 줄어들었으니 제비의 도시살이는 팍팍해졌다.

도시에서 직박구리가 늘어나고 제비가 줄어든 것은 모두 사람의 행위에 기인한다. 우리가 그냥 예쁜 꽃을 보기 위해 심었던 벚나무와 이팝나무는 뜻하지 않게 직박구리를 도시로 유인하는 결과를 낳았다. 제비를 도시에서 쫓아내기 위해 건축법을 개정한 것은 아니지만, 이런 인간의 법령 개정이 제비를 도시에서 쫓아내는 데 한몫했다.

사라진 참나무, 심어진 참나무

참나무는 사람에게 쓰임이 많을 뿐 아니라, 우리 주변에 흔하게 볼 수 있어서 '참'이라는 이름을 얻었다. 하지만 도시에서는 참나무를 거의 볼 수가 없다. 물론 도시 근교에 있는 산에 가면 참나무가 대세를 이루지만, 시내에서는 볼 수 없다. 도시 안에 사는 나무는 인간이 심는 나무로 한정된다. 인간은 도시에 참나무를 잘 심지 않는다.

흔히 참나무라고 하면 떡갈나무, 신갈나무, 굴참나무, 갈참나무, 졸참나무, 상수리나무를 말한다. 이들을 참나무 6총사라고 부른다. 도시화가 진행되면서 흔한 참나무 6총사는 도시 외곽으로 밀려났다. 인간이 도시에 참나무를 심지 않는다는 것은 이 여섯 종의 참나무를 심지 않는다는 말이다. 그런데 우리나라에서는 보지 못했던 참나무 하나가 도시에 등장했다. 북미가 원산지이며 '핀오크pinoak'라는 영어 이름을 갖고 있는 대왕참나무가 그것이다. 대왕참나무는 참나무 6총사에 비해 곧게 쭉쭉 자란다. 그 모습이 아파트단지에 어울려 심기 시작했다고 한다. 점점 심어진 면적이 넓어지면서 요즘에는 웬만한 도시에서 쉽게 찾아볼 수 있다. 참나무답게 도토리도 만들어낸다. 다람쥐 줄무늬 같은 예쁜 무늬가 있는 도토리는 몇 개 주워서 집에 놓아도 될 만큼 예쁘다. 산속에 있는 도토리들은 산에 사는 동물들의 주된 식량이므로 함부로 주워 와서는 안 되니, 혹시 아파트단지에 대왕참나무가 있다면 그 도토리를 주워 아쉬움을 달래보는 것도 괜찮다.

대왕참나무의 도토리도 열매이니 누군가의 먹이가 된다. 나는 한 무리의 멧비둘기가 바닥에 떨어진 대왕참나무 도토리를 야무지게 까먹는 모습을 본 적이 있다. 부리에 넣고 힘을 한 번 주면 껍질은 똑 떨어져 나가고 알맹이만 입안으로 쏙 들어간다. 명색이 멧비둘기이니 시내를 돌아다닌다 해도 근본은 속일 수 없나 보다. 산

대왕참나무의 줄무늬 도토리.

대왕참나무 도토리를 야무지게 까먹는 멧비둘기.

에서 도토리 까먹던 실력을 도시에서도 발휘한다. 집비둘기가 대왕참나무 도토리를 까먹는 것은 아직까지 보지도 듣지도 못했다. 집비둘기 사이에서도 대왕참나무의 도토리가 먹을 만한 식량이라는 소문이 나고, 멧비둘기들의 솜씨를 가까이서 지켜볼 기회가 있다면 조만간 그들도 대왕참나무 도토리를 까먹을지 모른다.

새가 날아드는 도시

생태에 대한 관심이 높아지고 자연을 사랑하는 사람들이 늘어나면서, 인간이 살고 있는 도시에서도 다른 생명을 배려하고 그들과 함께 살아야 한다는 주장이 조금씩 힘을 얻고 있다. 그런 생각이 현실로 만들어진 공간이 생태공원이다. 공원은 인간이 도시에서 느낄 수 있는 인공의 자연이다. 인간은 야생의 자연을 두려워하지만, 그에 못지않게 자연을 갈구한다. 그래서 도시 안에 인간이 통제할 수 있으면서 편안하게 즐길 수 있는 인공의 자연을 만들어놓았다. 그 공원에는 주로 예쁜 꽃을 피우는 나무가 심어지고, 밟기 좋은(우리나라에서는 볼 수는 있으나 밟으면 안 되는) 잔디가 심어진다. 공원은 자연을 표방하지만 기본적으로 인간을 위한 공간이다.

생태공원은 공원은 공원이지만 인간 이외의 다른 생물들을 위한 공원이다. 물론 이것도 인간이 원해서 만들어놓은 곳이다. 인간들이 이런 생태적인 공원이 도시에 있었으면 하고 바라기 때문에 생긴 것이다. 그래도 생태공원은 여타의 공원과는 조금 차이가 있다.

연못이 하나 있다고 생각해보자. 이것이 일반 공원 안에 있다면 이 연못은 인간의 활동이나 시각적 즐거움을 위해 존재한다. '어떻게 하면 사람들이 이 연못을 잘 이용할까'가 연못의 조성과 관리의 방향이 된다. 생태공원에 있는 연못의 경우에는 인간의 이용보다는 그곳에 사는 다른 생물들의 생존이 훨씬 중요하다. 필요하다면 인간이 연못에 접근하기 어렵게 만든다. 또 필요하다면 연못가에 우거진 풀숲을 만들어 사람의 시야를 가린다. '어떻게 하면 많은 생물들이 이 연못에 모여 살까'가 생태공원에 있는 연못의 조성과 관리의 방향이다.

생태공원에는 보통 물이 있다. 그 이유는 물이 수많은 생태적 틈새를 만들기 때문이다. 땅만 있었을 때는 없던 다양한 삶의 공간이 만들어진다. 물 표면에 사는 녀석들, 물 중간에 사는 녀석들, 바닥에 사는 녀석들, 빠른 물살에 사는 동물, 느린 물살에 사는 동물, 물가에 사는 풀과 나무, 그런 풀과 나무에 기대어 사는 곤충. 물이 제공하는 생태적 틈새가 이들을 공원에 살 수 있게 한다. 풍부해진 동식물은 최종적으로 새를 불러들인다. 도시 생태공원의 목적은 새가 날아오게 하는 것이라 해도 과언이 아니다. 새는 인간이 도시에서 받아들일 수 있는 거의 유일한 최상위 포식자이다. 최상위 포식자 한 마리가 살기 위해서는 많은 수의 하위 생물들(먹이 피라미드상에)이 필요하다. 그러므로 도시의 생태공원으로 산새와 물새들이 날아온다면 그 공원 설계자와 운영자들은 뿌듯하게 여겨도 좋다. 그들의 계획이 성공한 것이다. 새가 날아온다는 것은 그만큼 다양한 동식물이 생태공원에 살고 있다는 말이기 때문이다.

첨단의 자연

생태공원이라는 별도의 공간을 조성하는 것을 넘어서, 우리가 생활하는 공간도 조금씩 자연과 닮아가고 있다. 사실 우리나라의 전통적인 도시는 다른 어느 나라의 도시보다도 자연과 닮은 모습을 하고 있었다. 정원의 모습은 그 특징을 나타내는 좋은 예이다. 기하학적 모양의 미를 추구하는 서양, 자연의 모습을 미니어처처럼 축소해놓은 일본, 자연과 인공을 대비시키는 중국과는 달리 정원인지 숲속인지 구분이 안 될 정도로 자연 그대로의 모습을 담으려 했던 것이 우리의 정원이었다. 그러나 산업화를 거치면서 우리 도시 속에서 자연은 천덕꾸러기가 되었다. 자연을 파괴한 정도가 도시의 발전을 가늠하는 척도로 여겨질 지경이었다.

압축된 산업화를 거친 후, 다시 도시 속 자연의 가치가 빛을 보기 시작했다. 자연파괴, 인공을 부르짖던 사람들도 자연의 소중함을 강변하는 목소리에 합류하기도 한다. 개발의 논리로 보았을 때도 자연은 이제 더 이상 개발의 장애물로만 여겨지지 않는다. 때때로 자연을 얼마나 담아낼 수 있느냐가 첨단의 척도가 되기도 한다.

도시 속 자연은 이미 훌륭한 소품으로서 가치를 인정받고 있다. 수많은 아파트가 광고 문구로 친환경을 내세운다. 어떤 것이든 브랜드 가치, 경제적 가치를 인정받는다는 것은 그렇지 않았을 때에 비해 독려되고 장려될 가능성이 높아졌다는 것을 의미한다. 갯벌의 생태적 가치에 대해 아무리 떠들어도 관심을 보이지 않았던 사람들이 갯벌의 경제적 가치에 대해 이야기하자 갯벌 보존론자로 변해가는 것이 우리의 모습이다.

이를 꼭 나쁜 현상으로 볼 수는 없다. 뭐가 되었건, 자연을 꿈꾸는 사람들에겐 자연의 경제적 가치가 인정받기 시작했고, 그 경제적 가치 때문에 우리 삶의 공간이 자연을 닮아간다는 것은 환영할 일이다. 그러나 이렇게 해서 생겨나는 도시 속 자연은 여전히 인공적인 자연이다. 도시 바깥, 자연의 공간에는 자연의 논리로 접근해야 하지만, 도시 속 자연은 인간의 논리로 접근된다. 백로를 도시 속 자연의 최상위 포식자로 받아들일 수는 있지만 멧돼지를 받아들일 수는 없다. 어쨌든 도시는 사람을 위한 공간이다. 그 공간에서 자연과의 공생을 외칠 때, 우리가 받아들일 수 있는 지점은 어디까지일까? 도시 속에서 받아들일 수 있는 것이 한계가 있다면, 도시 이외의 공간에서는 어떤 기준이 적용되어야 할까? 우리가 키우는 가축들과는 어떤 관계를 맺어야 할까? 도시에서 자연을 바라보며 우리는 무슨 생각을 할 수 있을까?

34

별이 빛나는 밤
원소의 탄생

138억 년 전 빅뱅이 일어났다. 시공간이 생겨났고, 우주 최초의 원소가 탄생했다. 수소이다. 수소원자들은 서로 격렬하게 충돌했다. 격렬한 충돌은 두 개의 수소원자의 핵을 하나로 합쳤다. 우주에서 두 번째 원소가 탄생하는 순간이다. 헬륨이다. 그리고 아주 적은 양의 리튬이 생겨났다. 그 후 수억 년의 시간이 흘렀다. 그 시간 동안 수소와 헬륨은 우주 공간을 떠돌았다. 어느 곳에선 좀 가까이 붙어 있었고, 어느 곳에선 좀 멀리 떨어져 있었다. 수소와 수소, 수소와 헬륨, 헬륨과 헬륨은 미미한 힘이지만 서로를 잡아당겼다. 그들은 서서히 모여 거대한 구름 덩어리가 되었다. 구름과 같은 모양이던 원자들의 모임은 점점 밀도를 더해갔다. 그들은 점점 더 가까워졌고, 가까워지자 엄청난 열이 발생했다. 그 힘은 수소원자의 핵융합으로 이어졌다. 수소는 핵융합을 하며 빛과 열을 만들었고 자신은 헬륨이 되었다. 그렇게 별이 탄생했다.

별은 수소를 연료로 빛과 열을 만들어냈다. 스스로 빛과 열을 만든다는 것은 별에겐 그 스스로의 존재의 이유요, 설명이었다. 수소 연료를 소진한 별은 헬륨을 연료로 쓰기 시작했다. 헬륨의 핵융합이 시작됐다. 빛과 열이 만들어졌다. 탄소와 산소가 탄생했다. 이렇게 별은 빛과 열을 내며 원소들을 합쳐 새로운 원소들을 만들어갔다. 가장 가벼운 원소인 수소에서 시작해서, 점점 무거운 원소들이 만들어졌다.

수소와 헬륨을 다 써버린 별은 더 이상 빛과 열을 만들 수 없었다. 죽음의 순간에 이른 것이다. 죽음 직전의 별은 팽창과 수축을 반복하다가 폭발했다. 별에 남아 있던 수소와 헬륨, 탄소와 산소가 우주 공간으로 날아갔다. 조금 더 무거운 별은 수소와 헬륨 말고도 탄소나 산소를 연료로 사용할 수 있었다. 새로운 원소들이 핵융합을 하면서 그전에는 존재하지 않던 또 다른 원소들을 만들어냈다. 규소를 연료로 철을 만드는 것을 마지막으로, 별은 더 이상의 원소를 만들지 못했다. 연료를 다 써버린 무거운 별도 죽음의 순간을 맞는다. 그 순간 엄청난 폭발이 일어난다. 그 폭발이 만들어낸 힘을 빌려 철보다 무거운 금, 은, 우라늄 같은 원소가 만들어졌다. 별은 이 새로운 원소들과 함께 별의 몸속에 남아 있던 탄소, 산소, 규소를 비롯한 많은 원소를 우주 공간으로 내보냈다. 별은 죽었지만, 그 죽음은 새로운 시작을 위한 씨앗이 되었다.

47억 년 전, 여타 별들이 그러하듯 수소와 헬륨 덩어리들이 모여 태양이 만들어졌다. 태양을 이루는 대부분의 물질은 수소였다. 태양의 거대한 힘에 이끌려 우주를 떠돌던 원소들이 태양 주위를 돌았다. 그중엔 우주에 있는 원소의 대부분을 차지하는 수소와 헬륨뿐만 아니라 산소, 질소, 탄소, 철, 규소, 마그네슘 등의 원소도 있었다. 그 원소들은 태양 주위를 돌며 점점 뭉치기 시작했다. 그 중에는 지구가 있었다. 45억 년 전의 일이다.

가장 가벼운 원소인 수소를 붙잡아두기엔 지구는 너무 가벼웠다. 지구의 시작을 함께했던 수소 중 대부분은 우주 공간으로 날아갔다. 아주 일부의 수소만이 산소를 비롯한 다른 원소들과 결합해 지구에 남았다. 또 다른 가벼운 원소인 헬륨은 너무도 안정적이어서 다른 원소와 합쳐져 존재할 수도 없었다. 땅속 깊은 곳, 맨틀에 갇히지 않은 헬륨은 모두 우주 공간으로 날아갔다. 무거운 철은 대부분 지구의 가운데로 가라앉아 핵이 되었다. 규소는 다른 원소들과 결합해 암석을 이루었다. 산소는 좋은 파트너였다. 지구 내부에 갇혀 있던 기체들이 용암과 함께 지각 바깥으로 빠져나왔다. 산소와 결합해 지구에 남아 있는 데 성공한 수소, 산소와 결합한 탄소, 질소 등이 기체 상태로 지구 인력에 잡혀 지구를 에워쌌다. 수소 두 개와 산소 하나로 만들어진 수증기는 지구가 점점 식어가자 구름이 되었고, 비가 되었다. 많은 비가 내렸고, 그렇게 지구의 핵과 지각, 대기, 바다가 만들어졌다.

뜨거운 지구엔 아직 생명이 나타나지 않았다. 그러던 어느 날 생명이 태어났다. 그 생명은 자기 복제를 했다. 후손을 남겼다. 아주 작은 움직임이었지만, 그것은 앞으로 펼쳐질 경이로운 모습의 시작이었다. 38억 년 전의 일이다.

새로운 생명은 광합성을 했다. 최초의 광합성 생물은 탄소를 이용할 줄 몰랐다. 그들은 황을 이용했다. 지구 안에서 분출되는 뜨거운 에너지가 생명체의 몸속으로 들어왔다. 이어서 태양의 에너지를 자신의 생존에 사용할 줄 아는 생물이 등장했다. 그들은 이산화탄소와 물을 원료로 만든 고분자물질에 태양의 에너지를 저장했다. 그들은 스스로 만든 것을 이용해 에너지로 사용하기도 하고 몸집을 키우는 데 쓰기도 했다. 기체 상태로 존재하던 탄소는 이 생명체의 몸으로 들어가 생명체를 이루었다. 탄소는 고체가 되었다. 광합성을 하는 생물도 별처럼 죽음을 맞이했다. 생물은 별처럼 폭발하며 몸속에 있는 원소를 우주 공간으로 날려 보내지 않았다. 죽음을 맞이한 생물은 땅 위에 누웠다. 고체가 된 탄소도 거기 있었다. 생물의 사체가 땅에 쌓이면서 탄소도 함께 쌓였다.

시간은 32억 년이 흘렀다. 엉성했던 생태계는 점점 빽빽해졌다. 새로운 생명들이 태어나 틈새를 차지했다. 그중엔 바퀴벌레도 있었다. 바퀴벌레는 왕성한 소화력으로 단단한 나무도 먹을 수 있었다. 이제 분해자들이 충분히 많아졌다. 점점 빽빽해진 생태계에서 생물의 사체와 같은 좋은 영양분은 그대로 땅으로 넘어가지 않았다. 어떤 놈이든 달려들어서 그것을 이용했다. 이제 대기 중에서 식물의 몸속으로 들어와 고체가 된 탄소는 그대로 땅에 쌓이지 않고 다른 생명체의 몸속으로 들어갔다. 탄소가 생물 안에서 순환하는 구조가 만들어졌다. 더 이상 석탄이 만들어지지 않았다. 3억 년 전의 일이다.

그렇게 생물은 탄소를 이용해 몸을 만들어냈다. 탄소뿐만 아니라 많은 원소를 이용했다. 그 생물 중엔 인간도 있었다. 인간의 몸에서 산소, 탄소, 수소, 질소는 96퍼센트를 차지한다. 칼슘, 인, 칼륨, 황이 나머지 대부분을 차지한다. 모두 별에서 온 원소들이다.

일등성이 가장 많고, 건조한 겨울의 밤엔 1년 중 가장 많은 별을 볼 수 있다. 그 빛나는 별은 지금 이 순간에도 수많은 원소를 만들어낸다. 별에서 온 원소들은 지구에서 대기로 존재하다가, 땅의 광물로 존재하다가, 식물을 비롯한 여러 생명체의 몸을 거쳐, 그것을 먹은 우리의 몸속까지 들어왔다. 우리는 지금 별과 식물이 합작해 만든 산소 기체를 들이마신다. 그 기체는 몸속의 탄소와 반응해 에너지를 만든다. 그리고 우리는 숨을 내쉰다. 그렇게 탄소는 다시 기체가 되어 대기 중으로 날아간다. 살갗과 몸속 세포들을 이루던 원소들은 얼마 되지 않아 대기 중으로, 땅속으로 들어갈 것이다. 우리의 몸속 원소들은 계속해서 새로운 원소들로 교체될 것이다. 우리의 몸 밖으로 나온 원소들은 지구를 떠돌면서 여러 생명체를 거치게 될 것이다. 그러다 50억 년 후, 태양이 죽음을 맞이할 때 우주 저 멀리로 날아갈 것이다. 그 원소는 우리가 존재하는지도 모르는 또 다른 어느 행성의 생명체 몸을 이루게 될 것이다.

35

늦겨울 불어오는 찬 바람

질소

입춘이 지나고 3월이 오기 전까지의 시간들은 겨울이라 부르기도, 봄이라 부르기도 어색하다. 그 어색함을 뚫고 새로운 계절의 설렘이 올라온다. 생각해보면 새로운 계절이 올 때마다 비슷한 느낌이었던 것 같다. 봄과 여름 사이에는 뜨거운 태양 아래의 해변에 대한 기대가, 여름과 가을 사이에는 화려한 단풍과 쓸쓸한 낙엽에 대한 기대가, 가을과 겨울 사이에는 역설적이게도 따뜻한 아랫목(더 이상 아랫목이 존재하지 않는 집에 살고 있지만, 아랫목이 떠오르는 건 어쩔 수 없다)과 두툼한 이불이 주는 포근함에 대한 기대가 올라온다. 겨울과 봄 사이에는 생명의 활기에 대한 기대가 저 아래 어딘가에서 올라온다. 왠지 몸을 움직여야 할 것 같다. 나도 생명의 활기가 있음을 온 천하에 알려야겠다. 이제 곧 봄이 아닌가.

겨우내 베란다에 처박아놓았던 자전거를 꺼냈다. 겨울 내내 타지 않았더니 타이어에 바람이 많이 빠졌다. 자전거포까지 끌고 갈 생각을 하니 순간 귀차니즘이 발동했지만, 언젠가 한 번은 해야 할 일이라 마음먹은 김에 자전거를 끌고 나왔다. 자전거포에 도착해 주인에게 타이어에 바람을 넣을 수 있냐고 물었다. 자전거포 주인은 저쪽에 공기펌프가 있다며 퉁명스럽게 손가락질을 했다. 쳐다보지도 않고 정확히 손가락질을 할 수 있는 능력에 놀랐다. 자전거포 주인 옆에 자동펌프가 눈에 들어왔지만 군소리 없이 수동펌프의 한쪽 끝을 발로 누르고 펌프질을 해댔다. 타이어가 빵빵해졌다.

2월의 바람은 아직도 매서웠다. 그냥 걸으면서 맞는 바람과 자전거를 타면서 맞는 바람은 차원이 달랐다. 나는 걸을 때보다 시간당 다섯 배나 많은 공기를 맞았고, 다섯 배는 더 추웠다. 바람은 내 이마를 넘어 머리카락을 헝클어트렸다. 바람은 눈에 보이진 않았지만, 그 존재를 확실히 느낄 수 있었다. 아무리 과학이 발달하지 않은 옛날이라도, 눈에 보이지 않는 공기의 '실존'을 의심하는 사람은 없었을 것이다. 그러기엔 존재감이 너무 컸다.

내 볼을 때리고, 머리카락을 헝클어트린 존재의 대부분은 질소이다. 공기나 바람이라고 표현하지만 그중 78퍼센트가 질소이니, 질소라고 해도 22퍼센트밖에 틀리지 않는다. 공기를 들이마셔 숨을 쉴 때도 허파꽈리까지 도착한 공기의 78퍼센트는 질소이다. 우리 몸은 질소를 원한다. 하지만 그렇게 허파꽈리까지 도착한 질소는 아무짝에도 쓸모가 없다. 인간이 사용할 수 있는 형태로 바꿀 수 없기 때문이다. 이는 인간만의 문제가 아니다. 지구에 살고 있는 생물은 모두 질소를 필요로 하지만 대부분의 생물들에겐 공기 중 78퍼센트의 질소는 그림의 떡이다. 아무리 많아봐야 소용없다. 써먹을 수가 없으니.

대기 중의 질소의 분자식은 N_2(미안하지만 또 화학식을 쓰겠다. 그런데 N_2 정도의 화학식을 쓰면서 '미안하지만'이라는 표현를 쓰는 것이 이 책을 34장까지 읽은 당신에게 모욕임을 나는 알고 있다)이다. 산소분자가 O_2인 것과 같은 맥락에서 대기 중의 질소는 질소원자 두 개가 결합한 형태로 존재한다. 그런데 문제는 N과 N의 결합이 엄청 강하다는 데 있다. 생물이 질소를 이용하려면 우선 저 결합을 떼어놓아야 한다. N과 N은 두 손으로도 모자라 세 손으로 서로를 꽉 잡고 있다. 그러니 웬만한 녀석들은 그 둘을 떼어놓을 수가 없다. 떼어놓을 수 없는 질소분자는 쓸모가 없다. 그것들을 떼어놓아야 질소원자를 이용해 단백질 하나라도 만들 것 아닌가.

생명의 원소, 질소

말이 나와서 하는 말이지만 단백질은 생물에게 매우 중요하다. 그러니 단백질을 만드는 데에 필수 원소인 질소의 중요성은 말할 필요가 없다. 질소는 생명의 원소로도 불린다. (아니, 앞에선 탄소 기반 생명체라 하지 않았나? 질량을 기준으로 하면 산소가 더 많다고? 그런데 질소가 생명의 원소? 아… 다 중요하다.) 질소가 있어야 무수히 다양한 단백질을 만들 수 있다. 사람은 1만 가지 이상의 단백질을 가지고 있다. 사람이 갖고 있는 단백질의 수가 그렇다는 것이지, 자연계에는 약 1조 가지의 단백질이 존재할 것으로 추정되며, 이는 사실상 무한한 종류의 단백질이 만들어질 수 있다는 것을 의미한다. 단백질은 주로 탄소, 수소, 산소, 질소 원자로 만들어진다. 이 원자들을 어떻게 배치하느냐, 또 이 원자들이 어떤 모양으로 존재하느냐에 따라 종류가 다른 단백질이 탄생한다. 종류가 다르므로 그 다름을 이용해 다른 역할을 할 수 있다. 우리는 흔히 단백질을 3대 영양소 정도로 생각하고 있지만, 단백질은 온몸의 주요 구성요소이면서 생명활동이 제대로 작동할 수 있도록 몸 구석구석에서 맹활약하고 있다. 머리카락이나 힘줄도 단백질이고, 근육도 단백질이다. 백혈구도 단백질이고, 헤모글로빈도 단백질이다. 세포 사이의 신호전달 물질인 호르몬 중 상당수도 단백질이다. 촉매제로서 세포에서 일어나는 화학반응을 조절하는 스위치인 효소도 단백질이다. 질소가 없으면 이 단백질은 존재하지 않는다. 단백질이 없으면 위와 같은 생명작용을 할 수가 없다.

생명체의 유전정보를 담고 있는 DNA를 만드는 데도 질소가 매우 중요하게 쓰인다. DNA는 크게 세 부분으로 나뉘는데 그중 질소염기라 부르는 부분이 중요하다(중요하지 않은 부분이 어디 있겠냐마는). 질소는 탄소와 수소, 산소와 함께 결합된 형태에 따라 네 가지 종류의 질소염기를 만들어낸다. 이 네 가지 질소염기의 배열은 정보가 된다. 마치 컴퓨터가 0과 1이라는 단 두 개의 숫자만으로 엄청난 양의 정보를 저장하고 프로그램을 구동하는 것처럼, DNA는 네 가지 종류의 배열로 정보를 저장한다. 이 과정에서 질소는 맹활약한다. 오죽하면 이름을 '질소'염기라고 했겠는가. 거기에 더해 이 DNA에 저장된 정보는 단백질의 생성과 사용에 대한 것이다. 질소로 만든 단백질 말이다. 어떤가? 질소가 생명의 원소라는 말이 실감 나는가? 질소로 만들어진 DNA는 생명의 설계도라 불린다. 질소로 만들어진 단백질은 생명의 실행자, 연출자라고 불린다.

그럼 생명의 원소이지만 생명이 사용할 수 없는 대기 중의 원소를 어떻게 생명체가 쓸 수 있게 만든단 말인가? 모든 생명체가 질소를 필요로 하고, 대기의 78퍼센트가 질소인 상황에서 누군가는 대기 중의 질소를 이용할 궁리를 했을 것이다. (마지막으로 말하지만 진짜 궁리를 한 것이 아니다. 그런 놈들이 살아남은 것이다.) 박테리아가 그 일을 해냈다. 공기 중의 질소를 생물이 이용할 수 있는 형태로 바꾸는 것을 질소고정이라 하고, 이런 일을 해내는 박테리아를 질소고정박테리아라 부른다. 나머지 생물들은 질소고정박테리아가 만들어 땅에 흩뿌려놓은 질소를 이용하거나, 질소고정박테리아와 공생관계를 맺어 질소를 공급받거나, 질소고정박테리아와 공생관계를 맺은 식물을 먹거나, 그들을 먹은 것들을 먹는 전략을 취했다.

콩과식물과 질소고정박테리아

우리는 콩에 단백질이 풍부하다는 이야기를 어릴 때부터 수도 없이 들었다. "콩 좀 골라내고 먹지 마", "두부 좀 먹어"라는 엄마의 말 뒤엔 꼭 이런 말이 붙었다. "콩에 단백질이 얼마나 많은데."

고기 단백질을 섭취하기가 쉽지 않던 시절, 콩은 훌륭한 단백질 공급원이 되어주었다. 콩은 인간에게만 단백질을 공급해준 것이 아니다. 지구에 살고 있는 모든 생명이 대기 중의 질소를 이용할 수 있도록 해주었다. 질소고정박테리아 중 일부는 콩과식물과 공생관계를 맺었다. 콩과식물의 뿌리혹에 살면서 질소를 식물이 사용할 수 있는 형태로 바꾸어 제공해주었다. 그 대가로 콩과식물에서 영양분을 받았다.

콩과식물이라고 하면 강낭콩, 완두콩 같은 인간이 먹을 수 있는 콩만 떠올리기 쉽지만 우리 주변에는 꽤 많은 콩과식물이 있다. 당신은 아마 나무에 콩 같은 것이 주렁주렁 열린 것을 본 적이 있을 것이다. 설마 나무에 콩이 열릴까 생각해서 그냥 지나쳤겠지만 그것은 콩이 맞다. 단지 인간이 먹기 좀 꺼림칙할 뿐이다.

나무벤치에 그늘을 만들어주는 등나무도 콩과식물이다. 봄이면 산 전체에 달콤한 꿀 향기를 퍼트리는 아까시나무도 콩과식물이다. 아파트단지 정원에 심어진, 봄이면 분홍 꽃을 다닥다닥 붙여 피우는 박태기나무도 콩과식물이다. 박태기나무의 콩은 꽃처럼 다닥다닥 붙어 자란다. 몸통에 가시를 잔뜩 세워 자신을 방어하고 있는 주엽나무, 여름에 꽃을 피우는 자귀나무, 오랜 세월 우리 민족과 함께한 회화나무도 콩과식물이다. 나무를 뒤덮으며 자라는 칡도 콩과식물이고, 화투에도 등장하는 싸리도 콩과식물이다. 콩과식물은 전 세계적으로 1만 3,000종 정도 있으며, 우리나라에도 90여 종이 살고 있다.

질소고정 삼총사

질소고정박테리아는 꽉 잡고 있는 질소기체의 겨드랑이를 간

1
2 3
4
5

콩과식물에 열린 콩들의 모습. 1.등나무 2.아까시나무 3.박태기나무 4.주엽나무 5.회화나무

지렵혀 손을 놓게 한다. 그렇게 놓은 손을 그대로 두면 다시 잡으려 할 것이다. 손을 잡기 전에 잽싸게 손 하나에 수소 하나씩을 쥐어준다. 그렇게 질소원자 하나에 수소원자 세 개가 붙은 암모니아(NH_3)가 만들어진다. 이제 질소는 생물이 사용할 수 있는 형태가 됐다. 이렇게 생물들이 사용할 수 있는 형태가 된 질소는 몇 가지 과정을 거쳐 콩과식물의 몸속으로 들어가 단백질이 풍부한 열매를 만들기도 하고, 잎과 줄기를 만들기도 한다. 콩과식물의 몸속으로 들어가지 않은 암모니아는 주변 토양으로도 퍼져 근처에 살고 있는 생물들이 요긴하게 쓴다.

때때로 콩과식물의 도움 없이도 질소가 생물계 안으로 들어오기도 한다. 어디선가 몰려온 먹구름이 하늘을 가린다. 어두워진 하늘은 이제 곧 비가 내린다 해도 전혀 이상하지 않은 모습이다. 하지만 이번 구름은 심상치가 않다. 그냥 비 몇 방울 떨어뜨리고 말 녀석이 아닌 것 같다. 아니나 다를까, 하늘이 번쩍한다. 약 3초 후 소리도 따라온다. 우르르 쾅쾅! 공기 중의 질소가 맞잡은 손을 놓친다. 빈손에 얼른 산소가 달라붙어 비와 함께 땅으로 내려온다. 이제 그 질소는 생물이 사용할 수 있게 됐다. 자연에서의 질소고정 중 약 8퍼센트를 번개가 담당한다.

최근 들어서는 인간이 지구에 살고 있는 단일종 중 최대의 질소고정 실행자가 되었다. 인간은 인간 이외의 자연(질소고정박테리아와 번개의 합동작전)이 매년 고정하는 질소의 거의 절반에 가까운 양을 고정한다. 약 100년 전, 고온(섭씨 200도)과 고압(200기압)에서 질소분자를 암모니아로 만드는 기술이 개발됐다. 그 결과 질소비료와 폭탄을 만들 수 있었다. 질소비료는 농작물의 생장에 혁명적인 변화를 불러와 많은 사람을 기아에서 구할 수 있었다. 이와 더불어 그동안 자연계에서는 보지 못했던 엄청난 양의 사용 가능한 질소가 쏟아져 나왔다. 그렇게 쏟아진 질소는 생태계에 영향을 주고 있다. 원소의 지구적 순환에서 인간의 영향력은 점점 커지고 있다.

최소 원자의 법칙?

이제 질소가 사용 가능한 형태로 변했으니 생물은 이를 이용해 효소와 호르몬을 포함한 단백질이나 DNA, RNA 같은 생명의 물질들을 만들어낸다. 그런데 단백질은 질소만 가지고 만드는 것이 아니다. 단백질을 주로 구성하는 원소는 탄소와 산소, 수소, 그리고 질소이다. 나머지 세 가지 원소에 비해 질소가 특별히 많이 사용되는 것도 아니다. 탄소와 수소가 더 많이 필요하다. 그런데 왜 단백질 이야기만 나오면 질소가 전부인 양 언급되는가?

탄소와 산소, 수소는 이산화탄소와 물에서 얻어진다. 식물과 조류, 박테리아 등이 이산화탄소를 이용한 광합성을 하면서 지구 생물계 안에서 탄소와 산소, 수소의 원자는 모자라지 않게 되었다. 그런데 질소는 다르다. 앞에서 살펴보았듯 공기 중의 질소를 이용할 수 있는 생물은 별로 없다. 그러니 질소는 늘 모자란다. 단백질을 만드는 데에 수소원자 네 개와 질소원자 한 개가 필요하다고 가정해보자. 이 경우 수소원자가 네 개 있고, 질소원자가 한 개 있으면 한 개의 단백질분자가 만들어진다. 수소원자가 1만 개 있으면 어떤가? 수소원자 1만 개가 있더라도 질소원자가 한 개밖에 없으면 단백질분자는 한 개밖에 못 만든다. 단백질분자를 두 개 만들고 싶으면 무슨 수를 써서라도 질소원자를 두 개 가져와야 한다. 수소원자는 신경 쓸 대상이 아니다. 질소원자가 하나 더해질 때마다 단백질분자는 하나씩 늘어난다. 우리는 수소비료라는 말을 들어본 적은 없지만, 질소비료란 말은 많이 들어왔다. 실제로 우리가 밭에 주는 대부분의 비료는 질소비료이다. 질소가 많아지면 많아지는 대로 밭작물이 잘 자라기 때문이다. 탄소와 산소, 수소는 모자람이 없다. 신경 쓸 것은 질소뿐이다. 비만 잘 온다면.

식충식물이 고기를 먹는 이유

인간은 부족한 질소를 보충하기 위해 고온과 고압이라는 조건을 만들었지만, 어떤 식물은 동물을 잡아먹는 것을 선택했다. 지구상의 생물들은 스스로(또는 공생을 통해) 사용할 수 있는 질소를 만들어내거나, 다른 생물이 사용 가능하게 만들어놓은 질소를 옆에서 조금씩 가져다 쓰거나, 질소를 함유한 식물을 먹거나, 그것을 먹은 것들을 먹는 식으로 질소를 충당한다고 말했다. 식충식물들은 덫을 놓아 파리와 같은 곤충(때로는 쥐나 개구리)을 잡아먹는다. 덫에 빠져 곤충이 빠져나오지 못하는 상황이 되면 입을 닫고(당연히 진짜 입이 아니다) 소화액으로 서서히 곤충을 녹인다. 질소를 얻기 위함이다.

스스로 영양분을 만들어낼 수 있는 식물의 입장에서 필요한 것은 질소이다. (다른 원소들도 당연히 필요하나 질소에 비해서 그 양이 매우 적다. 탄소, 산소, 수소, 질소가 생명체를 구성하는 4대 원소이다. 이들이 생물체의 95퍼센트 이상을 차지한다.) 식충식물이 살아가는 땅은 질소가 매우 부족하다. 그런 환경에서 질소를 얻을 수 있는 방법은 질소가 풍부한 동물을 잡아먹는 것이다. (동물이 식물에 비해 질소가 훨씬 많다.) 그래서 소화효소를 발달시켰다. 식물이지만.

우리는 모든 물체가 원자로 이루어졌다고 배웠지만,
그것이 어떤 의미이고 어떻게 작동하는지는 잘 실감하지 못한다.
질소라는 원소를 화학 시간에 배울 때는 아무 온기 없는,
그냥 무생물처럼 느껴진다. 하지만 그것이 지구 대기에
어떤 방식으로 존재하는지, 또 그것을 생명체의 몸속으로
끌어들이기 위해 어떤 일들이 일어나는지, 생물들이 그것을
몸 안에 들여오기까지 얼마나 많은 에너지를 사용하는지,
그렇게 만들어진 질소고분자물질들이 생명체 안에서
어떤 역할을 하는지를 알게 된다면 그 원자 하나하나가
그냥 주기율표나 화학식 안에만 존재하는 무미건조한 녀석이
아님을 느끼게 될 것이다. 질소뿐이 아니다. 왜 다른 원소라고
중요하지 않겠는가. 모두 별에서 온, 그 원소들 말이다.

36

느티나무 열매

안다는 것

하늘에는 무수히 많은 별이 있다. 그 별 중에는 진짜 별(항성)도 있고 그렇지 않은 것(행성)도 있다. 어쩌다가 밤하늘을 바라보는 우리의 눈에는 항성과 행성은 별 차이가 없어 보인다. 하지만 매일 밤하늘을 바라보던 사람들은, 과학이 발달하지 않았던 아주 오래전부터, 항성과 행성은 뭔가 다르다는 것을 알았다. 거의 모든 별은 제자리를 지키고 있는 것처럼 보였지만 몇몇 별은 매일 조금씩 위치가 달라지면서 별들 사이를 떠돌았다. 그 별들은 떠돌이별이라 불렸다. 떠돌이별 중에는 목성이 있었다. 목성에는 지구의 달과 같은 위성이 여러 개가 있다. 그중 메디치의 별로 불리는 네 개의 위성이 유명하다.

목성의 위성 네 개를 발견한 사람은 그 유명한 갈릴레오 갈릴레이Galileo Galilei이다. 17세기로 막 접어든 무렵, 갈릴레이는 네덜란드의 안경업자가 망원경을 만들었다는 소문을 듣고 직접 망원경을 만들어보기로 결심했다. 최고의 망원경을 만들기 위해, 당시 유리 세공의 메카였던 베네치아의 무라노 섬을 뻔질나게 들락거렸을 것이다. 망원경의 완성에 대한 기대감 때문에 직장이 있는 파노바에서 베네치아까지 오갔던 시간들이 그리 지루하진 않았을 것 같다. 망원경을 만든 갈릴레이가 본 것은 밤하늘이었다. 그곳엔 달이 있었다. 당시 유럽사회를 지배하던 세계관에 따르면 달은 표면이 매끈한 완전한 구여야 했다. 갈릴레이의 망원경 안에 들어온 달의 표면은 울퉁불퉁했다. 달은 완전한 구가 아니었다. 오래된 세계관이 무너지는 순간이었다. 하지만 달은 망원경이 아닌 맨눈으로 보아도 완벽한 구가 아니라고 생각할 수 있었다. 달의 표면엔 어둡고 밝은 무늬가 보였다. 그 무늬에 여러 이름을 붙이지 않았던가. 하지만 사람들은 달이 완전한 구라고 생각했다. 생각이 시각을 지배했다.

망원경을 목성으로 옮기자 목성을 둘러싸고 있는 네 개의 천체가 보였다. 갈릴레이는 그 천체를 계속 관찰하고 기록했다. 네 개의 천체는 목성 주위를 돌고 있는 목성의 달이었다. 목성은 또 하나의 우주의 중심이었다. 목성을 중심으로 돌고 있는 천체가 있다는 것은, 우주의 중심은 지구라는 그동안의 생각이 틀렸음을 의미했다. 또 하나의 세계관이 깨졌다.

현대를 살아가는 우리는 이미 목성에 여러 개의 위성이 있다는 사실을 '알고' 있다. 그래서 그 사실이 그리 충격적이지도 않고 별다른 감흥도 없다. 그냥 하나의 지식으로 머릿속에 기억한다. 하지만 그 사실을 처음 '알게 된' 그 순간의 우리는 17세기 갈릴레이와 별로 다르지 않다. 우리를 둘러싸고, 우리와 함께 살아가는 자연의 모습을 '알게' 되었을 때, 우리는 그것을 어떻게 받아들일까? 당연한 사실로 받아들일까, 아니면 갈릴레이처럼 우주의 중심이 지구가 아님을 깨닫는 것과 같은 감흥을 느끼고 사고의 전환이 이루어질까?

광릉에 있는 국립수목원에서 숲해설가 연수를 받을 때였다. 나와 동료를 담당해주셨던 숲해설가 한 분이 전문가가 뽑은 우리나라를 대표하는 나무가 무엇인줄 아느냐고 물었다. 답은 느티나무였다. 일반인들은 소나무를 뽑았다고 했다. 소나무에 대한 우리나라 사람들의 사랑은 특별하다. 수묵화에도, 애국가에도 소나무가 등장한다. 또 소나무는 사람들이 많이 알아보는 나무이기도 하다. (잣나무와 헛갈려 하지만, 그냥 다 소나무라고 생각한다. 잣나무는 소나무과 소나무속이다.) 그러니 자신이 잘 안다고 생각하는 소나무를 뽑았을 것이다.

나무를 조금 안다는 전문가들이 느티나무를 뽑은 것은 충분히 이해가 가는 일이다. 만약 일반 사람들도 그 나무가 느티나무였음을 알았다면 느티나무를 첫 손에 꼽았을지도 모른다. 소나무는 저 멀리서 바라보는 대상 같다. 하지만 느티나무는 함께 살아가는 나무이다. 마을마다 한그루씩 있던 정자나무의 상당수(중부지방은 거의 대부분)는 느티나무이다. 느티나무가 만들어주는 그늘은 넉넉하고 포근하다. 관념적인 수묵화에는 소나무가 많이 등장하지만,

느티나무는 정자목이나 당산목으로 마을에 심어졌다. 이런 나무 중 몇몇이 지금까지 남아 천연기념물로 보호받고 있다. 천연기념물 제280호, 김제 봉남면의 느티나무.

한국 사람이라면 수천, 수만 그루의 느티나무를 보며 살았겠지만, 느티나무 열매를 본 사람은 별로 없다.

보통 사람들 보고 나무를 그려보라 하면 느티나무를 많이 그린다. 그만큼 우리에게 친숙한, 친구 같은 나무이다.

도시화가 진행되면서 정자나무라는 개념은 희미해졌지만, 여전히 느티나무는 우리 주변에서 많이 볼 수 있는 나무이다. 특히 공원이나 길가 벤치 옆, 나무그늘을 만들고 싶을 때 많이 심어진다. 매끈한 수피, 깔끔한 모양의 나뭇잎, 가을이면 때로는 노랗게, 때로는 붉게 물드는 느티나무. 아마 당신은 살면서 수천, 수만 그루의 느티나무를 보았을 것이다. 그런데 느티나무 열매를 본 적이 있는가?

이 책을 다 읽은 지금, 이제부터는 그동안 눈에 들어오지 않던, 우리 주변에서 함께 살고 있는 생명체들이 눈에 들어왔으면 하는 바람을 가져본다. 봄이 막 오려 할 때 터질 듯이 물이 올라 있는 나무의 꽃눈이 눈에 들어오면 좋겠다. 화단에 핀 꽃뿐만 아니라 길가에 핀 풀꽃도 눈에 들어왔으면 좋겠다. 그 꽃을 찾아오는 다양한 곤충들, 꽃이 떨어진 자리에 달리는 열매들, 그 열매가 익어가는 모습들이 눈에 들어오면 좋겠다. 나무가 팔을 뻗어 태양 빛을 얻기 위해 애를 쓰는 모습이 보였으면 좋겠다. 무당거미가 자신의 거미줄에 붙은 낙엽을 애써 잘라내는 모습이 눈에 들어오면 좋겠다. 이런 모습들이 어떤 의미가 있는지, 그들의 현 상태가 의미하는 것이 무엇인지까지 생각이 미쳤으면 좋겠다. 그 생명들이 살아가기

위해서 하늘의 태양이 빛나야 하고, 식물이 공기 중 탄소를 끌어들이고, 버섯이 동식물의 사체를 분해해 흙에 섞어야 하고, 흙 속에 있는 별에서 온 온갖 원소가 생명 안으로 들어와 당신의 몸을 지나쳐감을 알았으면 좋겠다. 그렇게 알게 된 것들이 당신에게 감흥을 주고, 영감을 줬으면 좋겠다. 눈에 보이고, 알게 되고, 감동이 오고, 더 궁금해졌을 때, 달라진 자신의 모습을 발견했으면 좋겠다. 그것이 당신과 같은 도시를 살아가는 사람들에게 전달됐으면 좋겠다. 그 생명의 감동들이.

참고문헌

강혜순, 『꽃의 제국』, 다른세상, 2002.

김성호, 『동고비와 함께한 80일』, 지성사, 2010.

김시준, 김현우, 박재용 외, 『생명진화의 끝과 시작 멸종』, MID, 2014.

닐 캠벨, 『생명과학 이론과 현상의 이해』, 김명원(역), 라이프사이언스, 2001.

더글러스 파머, 『35억 년, 지구 생명체의 역사』, 강주헌(역), 예담, 2010.

로버트 M. 헤이즌, 『지구이야기』, 김미선(역), 뿌리와이파리, 2014.

리처드 도킨스, 『이기적 유전자』, 홍영남(역), 을유문화사, 1993.

마이클 J. 벤턴, 『대멸종』, 류운(역), 뿌리와이파리, 2007.

마커스 초운, 『태양계의 모든 것』, 꿈꾸는과학(역), 영림카디널, 2013.

박해철, 『딱정벌레』, 다른세상, 2006.

소어 핸슨, 『씨앗의 승리』, 하윤숙(역), 에이도스, 2016.

송기원, 『생명』, 로도스, 2014.

스콧 R. 쇼, 『곤충연대기』, 양병찬(역), 행성B이오스, 2015.

스테파노 만쿠소, 알레산드라 비올라, 『매혹하는 식물의 뇌』, 양병찬(역), 행성B이오스, 2016.

앤드루 파커, 『눈의 탄생』, 오숙은(역), 뿌리와이파리, 2007.

오태광, 『보이지 않는 지구의 주인 미생물』, 양문, 2008.

완다 십맨, 『동물들의 집짓기』, 문명식(역), 지호, 2003.

울리히 슈미트, 『동물들의 비밀신호』, 장혜경(역), 해나무, 2008.

유발 하라리, 『사피엔스』, 조현욱(역), 김영사, 2015.

이나가키 히데히로, 『풀들의 전략』, 최성현(역), 도솔오두막, 2006.

이명현, 『이명현의 별 헤는 밤』, 동아시아, 2014.

이상희, 윤신영, 『인류의 기원』, 사이언스북스, 2015.

이영보, 『실 잣는 사냥꾼 거미』, 자연과생태, 2012.

이유직 외, 『텍스트로 만나는 조경』, 나무도시, 2007.

이주희, 『내 이름은 왜』, 자연과생태, 2011.

전봉희, 권용찬, 『한옥과 한국 주택의 역사』, 동녘, 2012.

전중환, 『오래된 연장통』, 사이언스북스, 2010.

정부희, 『곤충의 밥상』, 상상의숲, 2010.

제프리 베넷, 『우리는 모두 외계인이다』, 이강환 권채순(역), 현암사, 2012.

조덕현, 『버섯』, 지성사, 2001.

조진상, 『21세기 녹색교통수단 자전거』, 도서출판월산, 2002.

존 앨런, 『미각의 지배』, 윤태경(역), 미디어윌, 2013.

차윤정, 『숲의 생활사』, 웅진지식하우스, 2004.

차윤정, 전승훈, 『신갈나무 투쟁기』, 지성사, 2006.

최재천, 『개미제국의 발견』, 사이언스북스, 1999.

최태영, 최현명, 『야생동물 흔적도감』, 돌베개, 2007.

칼 세이건, 『코스모스』, 홍승수(역), 사이언스북스, 2004.

커트 스테이저, 『원자, 인간을 완성하다』, 김학영(역), 반니, 2014.

케빈 랠런드, 길리언 브라운, 『센스 앤 넌센스』, 양병찬(역), 동아시아, 2014.

테이즈, 자이거, 『식물생리학』, 전방욱(역), 라이프사이언스, 2005.

토머스 D. 실리, 『꿀벌의 민주주의』, 하임수(역), 에코리브르, 2012.

팀 버케드, 『새의 감각』, 노승영(역), 에이도스, 2012.

페니 걸런, 피터 크랜스턴, 『곤충학』, 이상몽 외(역), 월드사이언스, 2011.

피터 앳킨스, 『원소의 왕국』, 김동광(역), 사이언스북스, 2005.

하인츠 오버훔머, 『4시간 만에 끝내는 우주의 모든것』, 이종완(역), 살림, 2011.